国家级高技能人才培训基地建设项目成果教材

锅炉设备及运行

主　　编　梁　勤　朱海东　李福琉

责任主审　陈　黔

审　　稿　曾淮海

北　京

冶金工业出版社

2017

内 容 提 要

本书共分 7 部分，包括锅炉认知、锅炉启动、锅炉停炉、锅炉运行参数调节、锅炉事故处理、锅炉安装检修后试验以及蔗渣炉操作规程。

本书可作为高职高专院校工业锅炉相关专业的教材（配有教学课件），也可作为锅炉高级工和中（初）级工的培训用书以及从事相关专业的工程技术人员的参考书。

图书在版编目（CIP）数据

锅炉设备及运行/梁勤，朱海东，李福琉主编 . —北京：冶金工业出版社，2017.4

国家级高技能人才培训基地建设项目成果教材

ISBN 978-7-5024-7486-7

Ⅰ.①锅… Ⅱ.①梁… ②朱… ③李… Ⅲ.①火电厂—锅炉运行—技术培训—教材 Ⅳ.①TM621.2

中国版本图书馆 CIP 数据核字（2017）第 067565 号

出 版 人 谭学余
地　　址 北京市东城区嵩祝院北巷 39 号　邮编　100009　电话　(010)64027926
网　　址 www. cnmip. com. cn　电子信箱　yjcbs@ cnmip. com. cn
责任编辑 俞跃春 杜婷婷　美术编辑 杨 帆　版式设计 孙跃红
责任校对 郑 娟　责任印制 牛晓波
ISBN 978-7-5024-7486-7
冶金工业出版社出版发行；各地新华书店经销；三河市双峰印刷装订有限公司印刷
2017 年 4 月第 1 版，2017 年 4 月第 1 次印刷
787mm×1092mm　1/16；11.5 印张；276 千字；172 页
30.00 元

冶金工业出版社　投稿电话　(010)64027932　投稿信箱　tougao@cnmip. com. cn
冶金工业出版社营销中心　电话　(010)64044283　传真　(010)64027893
冶金书店　地址　北京市东四西大街 46 号(100010)　电话　(010)65289081(兼传真)
冶金工业出版社天猫旗舰店　yjgycbs. tmall. com
（本书如有印装质量问题，本社营销中心负责退换）

前　言

为了贯彻落实国家高技能人才振兴计划精神，满足行业企业技能培训需求，由多年从事锅炉专业的教师和行业企业专家在充分调研的基础上，根据当前锅炉行业对人才的需求情况，按照行业和职业岗位的任职要求，参照相关的职业资格标准，编写了本教材。本教材以提升高技能人才培训能力为核心，以建设一流的高技能人才培训基地为目标，以教育对接产业、学校对接企业、专业设置对接职业岗位、课程对接职业标准、教学过程对接生产过程为原则，深入浅出，通俗易懂，突出科学性和实用性。

本书是为适应企业自备电站、热电厂的锅炉设备及运行课程教学的要求，以工业锅炉专业高技能、应用型人才培养目标为依据编写而成的。

企业自备电站大多为中小型锅炉。原理上，这些锅炉与火力发电厂的锅炉有相通之处，但总体而言，设备类型、结构、运行的差别还是比较大的。作者希望通过本书，为需要企业自备电站锅炉培训的从业人员提供参考和支持，这是出版本书的目的。

本书通过理论学习和实际操作技能的训练，使学生理解锅炉本体结构、能量守恒和质量守恒的基本原理，掌握企业自备电站锅炉专业常用基本理论、性能特点、操作原理及方法；了解锅炉事故的类型、常见锅炉事故的正确处理方法，知道相关的防范措施。本书淡化了过程的推导，致力于解决实际工程问题，将工程观点的培养作为重点，提高运用基础理论分析和解决操作中各种工程实际问题的能力。本书根据当前教学与学生就业的实际情况，力求深浅适中、简单明了、层次分明，便于读者学习。

本书包含锅炉主要操作的基本原理、典型设备、锅炉启动、锅炉停炉、锅炉运行参数调节、锅炉事故处理及锅炉安装检修试验等内容。其中模块 4 的课题 4.7、模块 5 和模块 6 适用于高级工培训（高级工部分内容与技师通用），其他内容适用于中（初）级工培训。

本书在编写过程中，部分内容借鉴了广西一些企业的操作规程，在此感谢广西轻工技师学院专家委员会的锅炉专家，以及给予大力支持的锅炉实践专家，他们为本书提供了锅炉的专业资料，还提出了很多中肯的意见和建议，作者充分吸收专家的意见，完善了本书。

全书由梁勤副院长以及朱海东、李福琉担任主编，编写人员有梁忠杰、黄华宁、关建萍、王琴、胡秋平、卢蓓、姚耐秀。陈黔院长担任成稿责任主审，并在编写过程中给予大力支持和精心指导；曾淮海科长也对成稿进行了审定，提出了很多宝贵意见。值本书出版之际，谨向参加本书编写、审稿和给予支持帮助的专家表示衷心的感谢。

本书配套教学课件可从冶金工业出版社官网（http://www.cnmip.com.cn）教学服务栏目中下载。

由于编者水平有限，书中不妥之处，敬请使用本书的师生和广大读者批评指正。

编　者

2016 年 6 月

目　录

模块 1 锅 炉 认 知

课题 1.1 蔗渣炉结构认知

本锅炉为糖厂最新一代蔗渣炉。室外布置，自然循环单锅筒锅炉，采用Ⅱ形布置，钢构架，炉膛部分悬吊，尾部烟道支撑。炉膛前墙下部布置喷渣口，辅以倾斜固定炉排组织燃烧，利用蒸汽除渣。炉膛左侧墙布置液压装置推送蔗渣叶，配有独立固定炉排燃烧。过热器分两级布置，高温过热器和低温过热器之间布置喷水减温器，省煤器分上下级，空气预热器为单级布置。各部分受热面积为：炉膛 848m²、防渣管 97.2m²、高温过热器 398.9m²、低温过热器485.6m²、省煤器2359.3m²、空气预热器7412.9m²，如图1-1 所示。

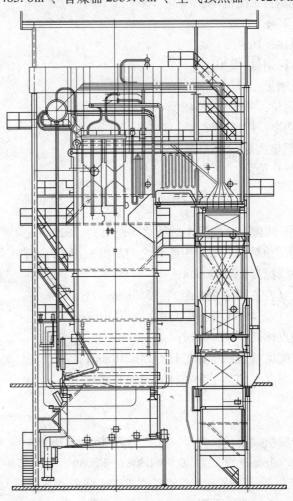

图 1-1 蔗渣炉总图

1.1.1　锅炉设计参数

（1）蒸发量：120t/h；

（2）过热蒸汽出口压力：3.82MPa；

（3）过热蒸汽温度：450℃；

（4）给水温度：104℃；

（5）冷空气温度：30℃；

（6）热空气温度：208℃。

1.1.2　锅炉主要技术经济指标

（1）锅炉热效率：≥82%；

（2）排烟温度：140℃；

（3）锅炉燃料消耗量：55175kg/h；

（4）排烟处过量空气系数：1.4；

（5）安全稳定运行工况范围：70%~100%；

（6）排污率：2%；

（7）锅炉通风比：16%；

（8）锅炉本体耗钢量：220t；

（9）钢结构耗钢量：521t；

（10）炉排耗钢量：40t；

（11）总耗电功率：1915kW；

（12）受热面积热负荷：63.8kW/m^2；

（13）炉膛容积热负荷：74.2kW/m^3。

1.1.3　锅炉尺寸

（1）炉膛宽度（两侧水冷壁管中心线之间距离）：7820mm；

（2）炉膛深度（前后水冷壁管中心线之间距离）：7000mm；

（3）锅筒中心线标高：36000mm；

（4）锅炉宽度（左右两柱中心距）：9560mm；

（5）锅炉深度（Z1 与 Z5 两柱中心距）：17110mm；

（6）锅炉最高点标高：37200mm；

（7）锅炉最大宽度（包括平台栏杆）：16210mm；

（8）锅炉最大深度（包括平台栏杆）：19540mm。

1.1.4　锅炉结构

（1）炉膛。炉膛横截面呈长方形，尺寸为 7820mm×7000mm，炉膛四壁布满膜式水冷壁，管子为 ϕ60mm×4mm，材质为 20（GB3087—2008），管子节距 100mm。

前水冷壁由 78 根管子组成，上端错成两排进入锅筒，下端进入集箱与 6 根 ϕ108mm×4.5mm 下降管构成一个回路，下降管与上升管内截面比为 0.28。

后水冷壁由 78 根管子组成，上部在炉膛出口处拉稀成三排凝渣管，节距 $S1 = 300mm$，$S2 = 200mm$ 再进入锅筒，与 6 根 $\phi108mm \times 4.5mm$ 的下降管构成一个回路，下降管与上升管内截面比为 0.28。

前水冷壁下部呈 60°倾角构成前拱。

侧水冷壁每侧由 70 根管子组成，上端进入集箱再由 8 根 $\phi108mm \times 4.5mm$ 的引出管进入锅筒，下端进入下集箱，与 6 根 $\phi108mm \times 4.5mm$ 下降管构成一个回路，下降管与上升管内截面比为 0.31。引出管与上升管内截面比为 0.414。集箱为 $\phi273mm \times 16mm$，材质为 20 （GB 3087—2008）。在炉膛四周设有人孔、测量孔及防爆门等，为了有利于着火和燃烧稳定，燃烧器区域的水冷壁上铺设 $128m^2$ 卫燃带。

（2）汽包（锅筒）。汽包内径为 $\phi1600mm$，壁厚为 46mm，圆筒部分长 10940mm，封头壁厚 46mm，均由 Q245R 钢板制成。锅筒内装有给水、蒸汽分离、连续排污、磷酸盐加药等装置，蒸汽一次分离采用 44 个 $\phi290mm$ 旋风分离器，二次分离器采用 9 层 $2360\mu m18$ 号镀锌钢丝网及一层多孔板组成的顶部分离器，锅炉给水应符合《火力发电机组及蒸汽动力设备水汽质量》（GB/T 12145—2008）标准。

此外，汽包上还有高低读水位表、压力表、安全阀等，锅筒正常水位在锅筒中心线下 75mm 处，最高最低水位分别在正常水位上下 75mm 处，锅筒由两个活动支座支撑在钢梁上，受热时锅筒向两端自由膨胀，如图 1-2 所示。锅筒内部装置要严格遵照图纸焊接，以保证蒸汽品质。

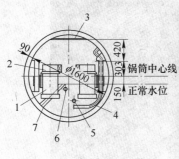
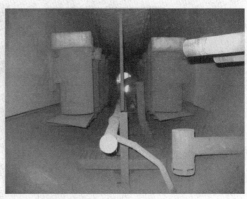

图 1-2　汽包结构

1—炭风分离器；2—百叶窗分离器；3—均汽孔板；4—给水母管；
5—加药管；6—连续排污管；7—紧急放水管

（3）燃烧器。在炉膛前墙布 6 个蔗渣燃烧器。采用固定蒸汽吹灰炉排，炉排风占 70%，炉后墙、送料风各占 15%。

（4）过热器及减温器。过热器分两段，高温段在前，由 $\phi42mm \times 3.5mm$ 的 12Cr1MoVG 管子制成。低温段在后，由 $\phi38mm \times 3.5mm$ 的 20 （GB 3087—2008）管子制成，总受热面积 $884.5m^2$，过热器出口集箱上设有主汽阀、自用蒸汽阀、生火排汽、反冲洗、安全阀及热电偶座、温度计、压力表等，如图 1-3 所示。

减温系统采用中间喷水减温器，减温水为除盐水或者冷凝水，通过电动调节阀来调节减温水量的多少，可达到调节过热蒸汽温度的目的。

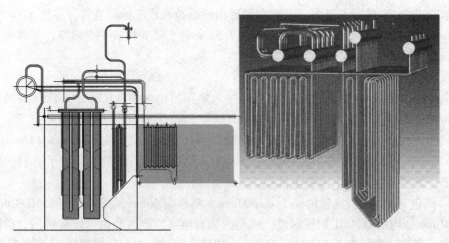

图 1-3　蔗渣炉过热蒸汽系统

（5）省煤器（见图 1-4）。省煤器分为两级，均由 $\phi32mm \times 3mm$ 的 20（GB 3087—2008）管子制成，省煤器集箱共 4 只，均由 $\phi219mm \times 16mm$ 的管子组成，材质 20（GB 3087—2008）。上下级省煤器均采用支撑结构，支撑梁内部通风冷却，为防止省煤器的磨损，上下级省煤器的蛇形管都装有必要的防磨盖板，并且留有检查孔以便检查和清灰。

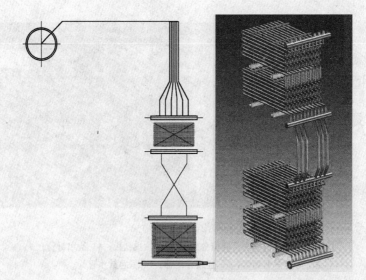

图 1-4　省煤器布置简图

（6）空气预热器。采用管式空气预热器，单级布置，上 3 个管箱由 $\phi50mm \times 2mm$ 的钢管制成立式管箱，最下个管箱由 $\phi60mm \times 3mm$（考登钢管）制成立式管箱，共有 4 组管箱，4 个流程，每组管箱由 4 只管箱组成，如图 1-5 所示。烟气在管内纵向冲刷，空气在管外横向冲刷，为了防止空气预热器的振动和噪声，在每个管箱中都装有两块防震钢板，每个管箱和连通罩均留有检查孔以便检查和清灰。

（7）钢架与炉墙。采用 12 根钢柱的支撑式钢架，前面 6 根钢柱固定在地基上，用来支撑炉膛受热面重量，后面 6 根钢柱固定在地基上，用来支撑尾部受热面重量。混凝土结

图 1-5 空气预热器布置简图

构由设计院负责设计。炉膛炉墙采用轻型炉墙，炉墙厚度为 200mm 的保温层，水平炉顶及斜炉顶采用耐火混凝土、绝热混凝土浇灌，由吊架分别吊在水平顶板及斜顶板上。

各集箱和外部热力管道均用石棉保温泥包裹，保温性能和密封性能良好。当周围环境温度为 25℃时，距门（孔）300mm 以外的炉体外表面温度不得超过 50℃，炉顶温度不得超过 70℃。各种热力设备、热力管道以及阀门表面温度不得超过 50℃。

炉墙上装有人孔、看火孔、打焦孔、防爆门等。另外在尾部竖井上可根据测量、吹灰等需要，在适当位置留孔。

（8）锅炉受压部件水容积，见表 1-1。

1.1.5 工作流程（仅介绍汽水流程）

蔗渣炉汽水流程如图 1-6 所示。

表 1-1 锅炉受压部件水容积表

部件	锅筒	过热器	省煤器	水冷壁	总计
水压时/m³	23.3	10.4	11.2	24.3	69.2
运行时/m³	10.6		11.2	24.3	46.1

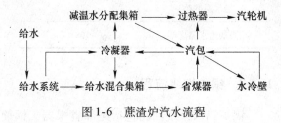

图 1-6 蔗渣炉汽水流程

课题 1.2 循环流化床锅炉

本锅炉为采用超高压不带再热、炉水自然循环汽包炉、平衡通风、钢结构、全紧身封闭布置的循环流化床锅炉。

锅炉主要由一个膜式水冷壁炉膛、两台汽冷式旋风分离器和一个由汽冷包墙包覆的尾部竖井三部分组成。

炉膛内布置有屏式受热面：6 片屏式过热器管屏和 8 片水冷蒸发屏。锅炉共布置有 6 个给煤口和 3 个石灰石给料口，给煤口全部置于炉前，在前墙水冷壁下部收缩段沿宽度方向均匀布置。在两侧墙分别布置 8 只床上稳燃用燃烧器（左右各 4）。所有燃烧器均配有高能点火装置。炉膛底部是由水冷壁管弯制围成的水冷风室，水冷风室后部布置有点火风道，点火风道内布置有 4 台床下风道点火器，燃烧器配有高能点火装置。风室底部布置有 5 根 $\phi219$ 的落渣管，其中 4 根与冷渣器相接，另外 1 根作为事故放渣管。

炉膛与尾部竖井之间，布置有 2 台汽冷式旋风分离器，其下部各布置 1 台"J"阀回料器，每台回料器拥有 2 只回料管，所有 4 只回料管在后墙水冷壁下部收缩段沿宽度方向均匀布置，确保将高温物料均匀地送进炉膛。尾部包墙过热器包覆的对流烟道中从上到下依次布置有高温过热器、低温过热器，包墙下部有钢板包覆，在其中布置有螺旋鳍片管式省煤器和卧式空气预热器，空气预热器采用光管式，沿炉宽方向双进双出。过热器系统中设有两级喷水减温器。

锅炉整体呈左右对称布置，支吊在锅炉钢架上。

1.2.1　锅炉参数

锅炉参数，见表 1-2。

1.2.2　锅炉基本尺寸

锅炉基本尺寸，见表 1-3。

表 1-2　锅炉参数

锅炉主要参数	B—MCR
过热蒸汽流量/t·h^{-1}	670
过热蒸汽压力/MPa·g	12.7
过热蒸汽温度/℃	540
给水温度/℃	221
切高加给水温度/℃	168

表 1-3　锅炉基本尺寸

炉膛宽度（两侧水冷壁管子中心线间距离）/mm	18280
炉膛深度（前后水冷壁中心线间距离）/mm	8132
锅筒中心线标高/mm	53670
锅炉顶板上标高/mm	60740
锅炉宽度/mm	35440
锅炉深度/mm	36640

1.2.3　锅炉汽水流程

锅炉汽水系统回路包括尾部省煤器、锅筒、水冷系统、汽冷式旋风分离器进口烟道、汽冷式旋风分离器、HRA 包墙过热器、低温过热器、屏式过热器、高温过热器及连接管道。

锅炉给水首先被引至尾部烟道省煤器进口集箱两侧，逆流向上经过水平布置的螺旋鳍片管式省煤器管组进入省煤器出口集箱，然后进入省煤器吊挂管，后通过吊挂管出口集箱从锅筒左右封头进入锅筒。在启动阶段没有建立足够量的连续给水流入锅筒时，省煤器再循环管路可以将锅水从锅筒引至省煤器进口集箱，防止省煤器管子内的水停滞汽化。

XXX670/12.7-Ⅱ2 型循环流化床锅炉为自然循环锅炉。锅炉的水循环采用集中供水、分散引入、引出的方式。给水引入锅筒水空间，并通过集中下降管、下水连接管和分配下降管分别进入水冷壁和水冷蒸发屏进口集箱。锅筒水在向上流经炉膛水冷壁、水冷蒸发屏的过程中被加热成为汽水混合物,经各自的上部出口集箱通过汽水引出管引入锅筒进行汽水分离。被分离出来的水重新进入锅筒水空间,并进行再循环,被分离出来的饱和蒸汽从锅筒顶部的蒸汽连接管引出。

饱和蒸汽从锅筒引出后,由饱和蒸汽连接管引入汽冷式旋风分离器入口烟道的上集箱,下行冷却烟道后由连接管引入汽冷式旋风分离器下集箱,上行冷却分离器筒体之后,由连接管从分离器上集箱引至尾部竖井两侧包墙上集箱,下行冷却侧包墙后进入侧包墙下集箱后直接进入前包墙下集箱,向上进入前包墙上集箱,再经过顶棚包墙过热器向下进入后包墙下集箱,并流经低温过热器,从锅炉两侧连接管引至炉前屏式过热器进口集箱,流经屏式过热器受热面后,从锅炉两侧连接管返回到尾部竖井后烟道中的高温过热器,后合格的过热蒸汽由高过出口集箱两侧引出。

过热器系统采取调节灵活的喷水减温作为汽温调节和保护各级受热面管子的手段,整个过热器系统共布置有两级喷水。一级减温器(左右各一台)布置在低过出口至屏过入口管道上,作为粗调;二级减温器(左右各一台)位于屏过与高过之间的连接管道上,作为细调,如图 1-7 所示。

1.2.4 烟风系统

循环流化床锅炉内物料的循环是依靠送风机和引风机提供的动能来启动和维持的。

从一次风机出来的空气分成两路送入炉膛:第一路,经一次风空气预热器加热后的热风进入炉膛底部的水冷风室,通过布置在布风板上的风帽使床料流化,并形成向上通过炉膛的气固两相流;第二路,用于床下油点火器的冷却用风以及燃烧用风。

二次风机供风分为四路:第一路,经空气预热器加热后的二次风直接经炉膛下部前后墙的二次风箱分两层送入炉膛;第二路,经空气预热器加热后的二次风用于床上稳燃燃烧器的冷却用风以及燃烧用风;第三路,经空气预热器加热后的二次风进入螺旋给煤机;第四路,一部分未经预热的冷二次风作为给煤皮带的密封用风。

烟气及其携带的固体粒子离开炉膛,通过布置在水冷壁后墙上的分离器进口烟道进入旋风分离器,在分离器里绝大部分物料颗粒从烟气流中分离出来,另一部分烟气流则通过旋风分离器中心筒引出,由分离器出口烟道引至尾部竖井烟道,从前包墙上部的烟窗进入后竖井烟道并向下流动,冲刷布置其中的水平对流受热面管组,将热量传递给受热面,而后烟气流经管式空气预热器再进入除尘器,后由引风机抽进烟囱,排入大气。

"J"阀回料器共配备有 3 台高压头的罗茨风机,每台风机出力为 100%,正常运行时,其中两台运行、一台备用。风机为定容式,因此回料风量的调节是通过旁路将多余的空气送入一次风第一路风道内而完成的。

锅炉采用平衡通风,压力平衡点位于炉膛出口;在整个烟风系统中均要求设有调节挡板,运行时便于控制、调节。烟风系统如图 1-8 所示。

1.2.5 锅炉总图

锅炉总图如图 1-9 所示。

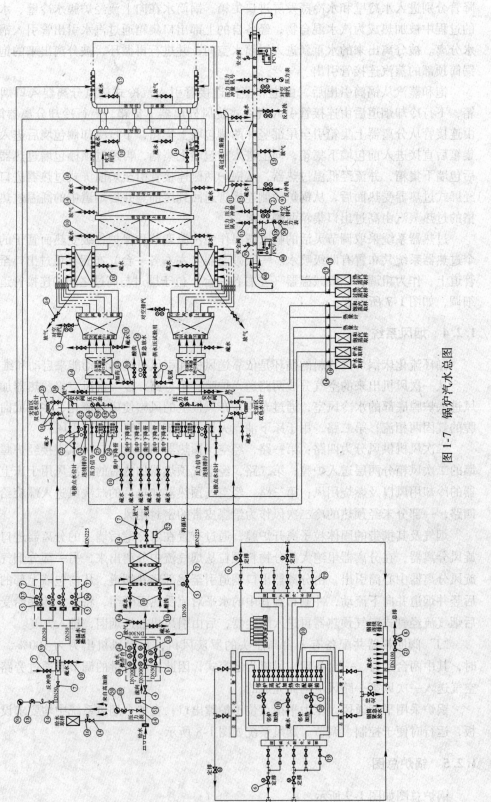

图1-7 锅炉汽水总图

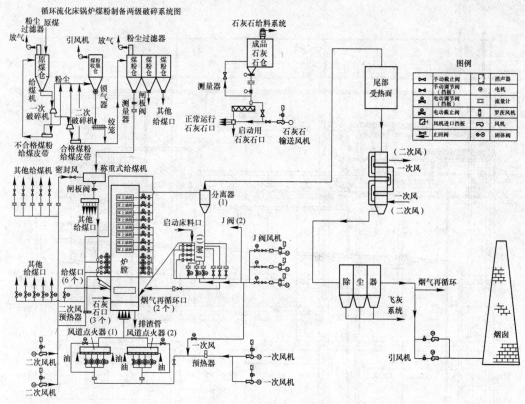

图 1-8　烟风系统总图

1.2.6　锅炉主要技术参数

锅炉主要技术参数见表 1-4。

表 1-4　锅炉主要技术参数表

项　目	单　位	资　料
锅炉设计热效率（低位）	%	≥90.5
喷水比例	%	4.12
冷风温度	℃	20
热风温度	℃	247
过量空气系数	—	1.20
冷渣器出口渣温	℃	<150
烟气量	Nm³/h	632874
风量	Nm³/h	579052
燃煤耗量	t/h	90.80
石灰石耗量	t/h	10.8
煤粒度	mm	0~9，$d50 = 0.9$
石灰石粒度	mm	0~1.85，$d50 = 0.45$
床温	℃	895
炉膛出口烟温	℃	895
分离器出口烟温	℃	885
省煤器出口烟温	℃	320
预热器出口烟温	℃	142

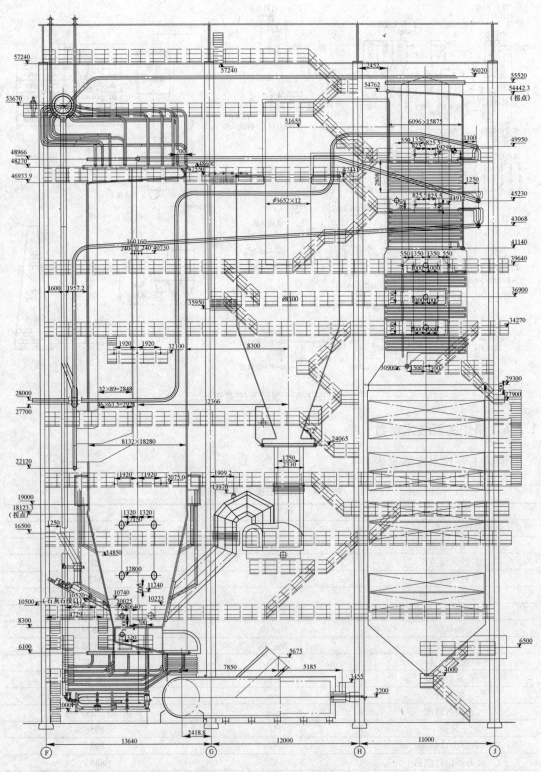

图 1-9　锅炉总图（主视图）

1.2.7 锅炉水容积

锅炉水容积见表 1-5。

表 1-5 锅炉水容积

部 件 名 称	水压试验时/m³	运行时/m³
锅 筒	40.7	16.9
水冷壁（含蒸发屏）	126	126
旋风分离器（包括进口烟道）	15.4	0
过热器	87	0
省煤器	40	40
总 计	309.1	132.9

1.2.8 本体结构

1.2.8.1 省煤器

省煤器布置在锅炉尾部烟道内，采用螺旋鳍片管结构，由 3 个水平管组组成，基管规格为 $\phi42mm$，双圈绕顺列布置。

省煤器管子采用常规防磨保护措施：省煤器管组入口与四周墙壁间装设防止烟气偏流的均流板并在管子弯管绕头加装防磨罩。

给水从省煤器进口集箱两端引入，流经省煤器管组，进入省煤器吊挂管，后从出口集箱的两端通过连接管从锅炉两侧引入锅筒。

1.2.8.2 锅筒和锅筒内部设备

锅筒位于炉前顶部，横跨炉宽方向。锅筒有锅炉蒸发回路的贮水器的功用，在它内部装有分离设备以及加药管、给水分配管和排污管，锅筒内部设备的设置如图 1-10 所示。

锅筒内径为 1600mm，壁厚为 90mm，筒体材料为 13MnNiMo54，由两根 U 形吊杆将其悬吊于顶板梁上。其内部设备主要有：

卧式汽水分离器共 150 个，两排平行布置。

"W" 形立式波形板干燥箱，共 54 个。

给水管两端引入锅筒，用三通接出两根沿锅筒长度的多孔管分配水。

连续排污管为多孔管，在锅筒中用三通汇成单根后由一端引出。

加药管与汽包等长，在其底部开有小孔。特殊的化学物质，通常为磷酸三钠经外部化学品供给系统的泵进入锅筒，并与炉水在锅筒中彻底混合，以实现所要求的化学控制指标。

沿整个锅筒直段上都装有弧形挡板，在锅筒下半部形成一个夹套空间。从水冷壁汽水引出管来的汽水混合物进入此夹套，再进入卧式汽水分离器进行一次分离，蒸汽经中心导筒进入上部空间，进入干燥箱，水则贴壁通过排水口和钢丝网进入锅筒底部。钢丝网减弱排水的动能并让所夹带的蒸汽向汽空间逸出。

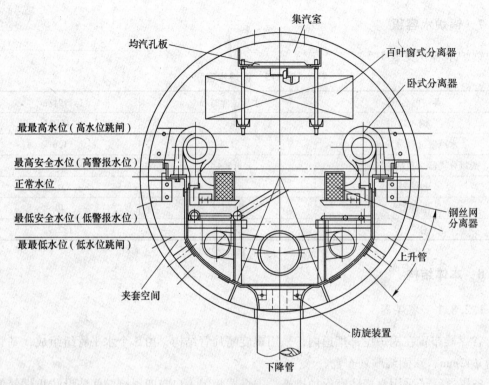

图 1-10　锅筒内部设备

　　蒸汽在干燥箱内完成二次分离。由于蒸汽进入干燥箱的流速低，而且气流方向经多次突变，蒸汽携带的水滴能较好地黏附在波形板的表面上，并靠重力流入锅筒的下部。

　　经过二次分离的蒸汽流入集汽室，并经锅筒顶部的蒸汽连接管引出。分离出来的水进入锅筒水空间，通过防旋装置进入集中下水管，参与下一次循环。

　　锅筒水位控制关系到锅炉的安全运行，因此，这里必须对锅炉的几个水位作一说明。

　　由于锅筒是静设备组合，如卧式分离器、百叶窗分离器等，这些设备操作员都不能直接操作。操作员只能通过调节给水泵或给水调节阀，控制汽包水位来控制锅炉运行。

　　本锅炉正常水位在锅筒中心线下 76mm 处，水位正常波动范围为正常水位上下 76mm，高于或低于此范围长期运行将影响分离器的性能。如果锅筒水位高于正常水位 125mm（高安全水位或高报警水位），DCS 发出警报，并可开启锅筒紧急放水；如果高于正常水位 200mm（高水位或高水位跳闸），锅炉自动停炉。高水位引起卧式分离器内水泛滥，降低汽水分离能力；低水位时也会使分离器效率降低，湿蒸汽离开汽包进入过热器系统。如果锅筒水位低于正常水位 200mm（低安全水位或低警报水位），DCS 发出警报；如果低于正常水位 280mm（低水位或低水位跳闸），锅炉自动停炉。

　　蒸汽夹带的水分会导致固体杂质沉积在过热器管壁和汽轮机叶片上，对电厂的安全经济运行产生重大影响，故 DCS 和操作员应经常监视锅筒水位。

　　为正确监视锅筒水位，锅筒设置了：四个单室平衡容器与差压变送器配套使用，对汽包水位进行监控，并对外输出水位变化时的压差信号；无盲区云母双色水位表安装于锅炉汽包两侧，左右封头各一，作就地水位计，监视、校核汽包水位；两只电接点水位计，具有声光报警、闭锁信号输出等功能，作为高低水位报警和指示、保护用。

1.2.8.3　炉膛

燃烧室、汽冷式旋风分离器和"J"阀回料器组成的固体颗粒主回路是循环流化床锅炉的关键。燃烧室由水冷壁前墙、后墙、两侧墙构成，宽 18280mm，深 8132mm，分为风室水冷壁、水冷壁下部组件、水冷壁上部组件、水冷壁中部组件和水冷蒸发屏。

一次风由一次风机（PA）产生，通过一次风道进入燃烧室底部的水冷风室。风室底部由后墙水冷壁管拉稀形成，由 $\phi60mm$ 的水冷壁管加扁钢组成的膜式壁结构，加上两侧水冷壁及水冷布风板构成了水冷风室。水冷风室内壁设置有耐磨可塑料和耐火浇注料，以满足锅炉启动时 870℃ 左右的高温烟气冲刷的需要。水冷布风板（其上铺设有耐磨可塑料）将水冷风室和燃烧室相连，水冷布风板上部四周还有由耐磨浇注料砌筑而成的台阶。布风板由 $\phi82.55mm \times 12.7mm$ 的内螺纹管加扁钢焊接而成，扁钢上设置有钟罩式风帽，其作用是均流化床料，同时在落渣管周围布置定向风帽，其作用是把较大颗粒及入炉杂物吹向出渣口。布风板标高为 8300mm。水冷壁前墙、后墙和两侧墙的管子节距均为 80mm，规格为 $\phi60mm$。燃烧主要在水冷壁下部，在这里床料密集且运动激烈，燃烧所需的全部风和燃料都由该部分输送到燃烧室内。除了一次风由布风板进入燃烧室外，在炉膛的前后墙还布置有两层二次风口，上下层二次风风量可灵活进行调节。

炉膛下部前墙分别设置了 6 个给煤口和 3 个石灰石口，用于测量床料温度和压力的测量元件也都安装在这一区域中。来自旋风分离器的再循环床料通过 J 阀回到燃烧室底部。

穿过锅炉前水冷壁，在燃烧室内插入 1 个单独的水循环回路——水冷蒸发屏，从而增加传热面，水离开锅筒通过 3 根分散下降管到水冷蒸发屏。蒸发屏管路穿过水冷壁前墙，向上转折后，穿过燃烧室顶部回到锅筒。这个增加的水循环回路在炉膛中有 8 个平行的流程，即有 8 片水冷蒸发屏，与炉膛内 6 片屏式过热器管屏均匀布置，减小热偏差。

燃烧室的中部、上部也是由膜式水冷壁组成，在此，热量由烟气、床料传给水，使其部分蒸发。这一区域也是主要的脱硫反应区，在这里氧化钙 CaO 与燃烧生成的二氧化硫 SO_2 反应生成硫酸钙 $CaSO_4$。在炉膛顶部，前墙向炉后弯曲形成炉顶，管子与前墙水冷壁出口集箱在炉后相连。

为了防止受热面管子磨损，在下部密相区的四周水冷壁、炉膛上部烟气出口附近的后墙、两侧墙和顶棚以及炉膛开孔区域、炉膛内屏式受热面转弯段等处均铺设耐磨材料。耐磨材料均采用高密度销钉固定。

锅炉的水循环经过精心计算，确保各种工况下水循环安全可靠。锅筒内的锅水通过 6 根 $\phi426mm$ 集中下水管、3 根 $\phi426mm$ 的分散下降管和 42 根 $\phi168mm$ 的下水连接管送至各个回路。下水连接管两侧墙各布置 6 根，前后墙布置 15 根。

本工程上层二次风前后墙各 10 个，下层二次风口单侧前墙各 12 个，后墙 8 个。

集中下水管及下水连接管布置如图 1-11 所示。

1.2.8.4　旋风分离器进口烟道

锅炉布置有两个旋风分离器进口烟道，将炉膛的后墙烟气出口与旋风分离器连接，并

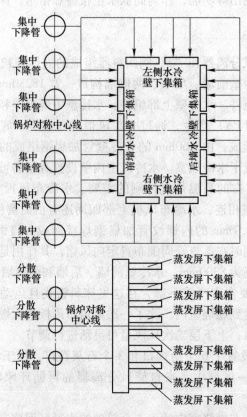

图 1-11　集中下水管及下水连接管布置图

形成气密的烟气通道。

旋风分离器进口烟道由汽冷膜式壁包覆而成，内铺耐磨材料，上下环形集箱各 1 个。旋风分离器进口烟道共有 112 根管子，每侧有 56 根，管子为 $\phi60mm$，材质 20G，进出口集箱规格均为 $\phi273mm$。饱和蒸汽自左右旋风分离器进口烟道下集箱由 4 根 $\phi168mm$ 的管子分别送至左右旋风分离器下部环形集箱，蒸汽通过旋风分离器管屏的管子逆流向上被加热后进入分离器上部环形集箱，该集箱通过蒸汽连接管分别与尾部左右侧包墙上集箱相连。

1.2.8.5　旋风分离器

旋风分离器上半部分为圆柱形，下半部分为锥形。烟气出口为圆筒形钢板件，形成一个端部敞开的圆柱体。细颗粒和烟气先旋转下流至圆柱体的底部，而后向上流动离开旋风分离器。粗颗粒落入直接与旋风分离器相连接的 J 阀回料器立管。

旋风分离器为膜式包墙过热器结构，其顶部与底部均与环形集箱相连，墙壁管子在顶部向内弯曲，使得在旋风分离器管子和烟气出口圆筒之间形成密封结构。

旋风分离器内表面铺设防磨材料，其厚度距管子外表面 25mm。

旋风分离器中心筒由高温高强度、抗腐蚀、耐磨损的奥氏体不锈钢 RA-253MA 钢板卷制而成。

1.2.8.6　尾部受热面

尾部对流烟道断面为 15875mm（宽）×6096mm（深），烟道上部由膜式包墙过热器组成，烟道内依次布置有高温过热器和低温过热器水平管组，在包墙过热器以下竖井烟道四面由钢板包覆，以下沿烟气流向分别布置有省煤器和空气预热器。

包墙过热器四面墙均由进口及出口集箱相连，在包墙过热器前墙上部烟气进口处，管子拉稀使节距由 127mm 增大为 381mm 形成进口烟气通道；前墙至后墙方向下弯曲形成尾部竖井顶棚，前、后墙及两侧包墙管子规格均为 ϕ51mm，前墙入口烟窗拉稀管为 ϕ63.5mm 的管子。

1.2.8.7　低温过热器

低温过热器位于尾部对流竖井后烟道下部，低温过热器由一组沿炉体宽度方向布置的双绕、124 片水平管圈组成，顺列、逆流布置，管子规格为 ϕ51mm。

低温过热器管束通过固定块固定在省煤器吊挂管上，与烟气呈逆向流动，经过低温过热器管束后进入低温过热器出口集箱，再从出口集箱的两端引出。

低温过热器采取常规的防磨保护措施，每组低过管组入口与四周墙壁间装设防止烟气偏流的阻流板，每组低过管组前排管子迎风面采用防磨盖板。

1.2.8.8　一级减温器

从低温过热器出口集箱至位于炉膛前墙的屏式过热器进口集箱之间的蒸汽连接管道上装设有一级喷水减温器，其内部设有喷管和混合套筒。混合套筒装在喷管的下游处，用以保护减温器筒身免受热冲击。

1.2.8.9　屏式过热器

屏式过热器共 6 片，布置在炉膛上部靠近炉膛前墙，过热器为膜式结构，管子节距 63.5mm，每片共有 47 根 ϕ42mm 的 12Cr1MoVG 管，在屏式过热器下部转弯区域范围内设置有耐磨材料，整个屏式过热器自下向上膨胀。

1.2.8.10　二级减温器

从屏式过热器出口集箱至位于尾部对流竖井后墙的高温过热器进口集箱之间的蒸汽连接管道上装设有二级喷水减温器，用于对过热蒸汽温度的细调。二级减温器的结构与一级减温器基本相同。

1.2.8.11　高温过热器

蒸汽从二级喷水减温器出来经连接管引入布置在尾部后烟道上部的高温过热器进口集箱。高温过热器为 ϕ51mm 双绕蛇形管束，管束沿宽度方向布置有 124 片。

高温过热器管束通过固定块固定在省煤器吊挂管上，蒸汽从炉外的高温过热器进口集箱的两端引入，与烟气呈逆向流动经过高温过热器管束后进入高温过热器出口集箱，再从出口集箱的两端引出。

　　高温过热器采取常规的防磨保护措施，每组高过管组入口与四周墙壁间装设防止烟气偏流的阻流板，每组高过管组前排管子迎风面采用防磨盖板。

1.2.8.12　空气预热器

　　空气预热器采用卧式顺列四回程布置，空气在管内流动，烟气在管外流动，位于尾部竖井下方双烟道内。

　　每个回程的管箱上部两排、左右两侧和下部各两排管子的规格为 32mm，其余管子的规格为 ϕ57mm，空预器管箱的管子材质为 Q215-A、09CuPCrNi-A。

　　各级管组管间横向节距为 94mm，纵向节距为 80mm，每个管箱空气侧之间通过连通箱连接。一、二次风由各自独立的风机从管内分别通过各自的通道，被管外流过的烟气所加热。一、二次风道沿炉宽方向双进双出。

1.2.8.13　"J"阀回料器

　　被汽冷式旋风分离器分离下来的循环物料通过"J"阀回料器送回到炉膛下部的密相区。"J"阀回料器共两台，分别是一个回料立管引出两个返料管，布置在两台旋风分离器的下方，支撑在冷构架梁上。分离器与回料器间、回料器与下部炉膛间均为柔性膨胀节连接。它有两个关键功能：一是使再循环床料从旋风分离器连续稳定地回到炉膛；二是提供旋风分离器负压和下燃烧室正压之间的密封，防止燃烧室的高温烟气反窜到旋风分离器，影响分离器的分离效率。"J"阀通过分离器底部出口的物料在立管中建立的料位来实现这个目的。回料器用风由单独的高压罗茨风机负责，罗茨风机的高压风通过底部风箱及立管上的四层充气口进入"J"阀，每层充气管路都有自己的风量测点，能对各层风量进行准确测量，还可以通过布置在各充气管路上的风门对风量进行调节。"J"阀上升管上方还布置有启动物料的添加口。"J"阀回料器下部设置事故排渣口，用于检修及紧急情况下的排渣，未纳入排渣系统。

　　"J"阀回料器由钢板卷制而成，内侧铺设有防磨、绝热层。

1.2.8.14　点火装置

　　锅炉设置有 4 台床下油点火器。总热容量按 15% B-MCR 的总输入热设计。锅炉点火方式为床下点火，能迅速将床温加热至 550℃左右，确保点火的可靠性，燃烧器配有高能点火装置。

1.2.8.15　锅炉构架

　　本锅炉构架为栓接钢结构，按岛式半露天布置设计，有 12 根主柱。柱脚在 -800mm 标高处，通过钢筋与基础相连，柱与柱之间有横梁和垂直支撑，以承受锅炉本体及由于风和地震引起的荷载。

　　锅炉的主要受压件（如锅筒、炉膛水冷壁、旋风分离器、尾部竖井烟道等）均由吊杆悬挂于顶板上，而其他部件冷渣器、空气预热器、回料器等均采用支撑结构支撑在横梁或地面上。

　　锅炉需运行巡检的地方均设有平台扶梯。

课题1.3 煤 粉 炉

WGZ440/13.7-4 型锅炉是武汉锅炉厂为某公司设计制造的配 135MW 发电机组的超高压锅炉，锅炉的基本形式是单锅筒自然循环、一次中间再热、倒 U 形布置、平衡通风、露天布置、四角切圆燃烧、尾部双烟道烟气挡板调温、回转式空气预热器、固态排渣、全钢构架、悬吊结构，如图 1-12 所示。

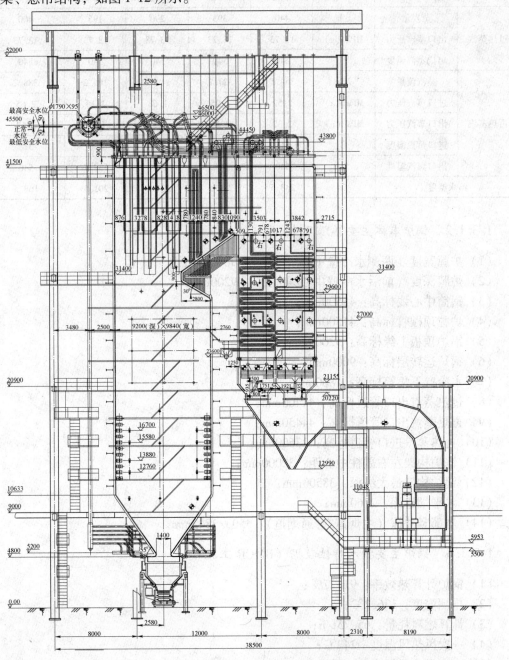

图 1-12　WGZ440/13.7-4 型锅炉总图

1.3.1　锅炉的基本性能

1.3.1.1　锅炉主要技术参数

锅炉主要技术参数，见表1-6。

表1-6　锅炉主要技术参数

名　称		单位	BMCR	100%	75% BMCR	50% BMCR	高加全切
过热蒸汽	蒸发量	t/h	440	393	290	195	400
	出口蒸汽压力	MPa（g）	13.73	13.73	13.73	13.73	13.73
	出口蒸汽温度	℃	540	540	540	540	540
再热蒸汽	蒸汽流量	t/h	364.5	327.1	244.2	166.2	388.2
	进口蒸汽压力	MPa（a）	2.52	2.25	1.68	1.15	2.65
	出口蒸汽压力	MPa（a）	2.32	2.11	1.59	1.08	2.52
	进口蒸汽温度	℃	318	308	288	280	328
	出口蒸汽温度	℃	540	540	540	539.7	540
给水温度		℃	243.5	237.5	221.5	201.5	168.5

1.3.1.2　锅炉本体主要界限尺寸

（1）炉膛宽度（两侧水冷壁中心线间距）：9840mm；

（2）炉膛深度（前后水冷壁中心线间距）：9200mm；

（3）锅筒中心线标高：45500mm；

（4）炉膛顶棚管标高：41500mm；

（5）锅炉顶板上缘标高：52000mm；

（6）锅炉运转层标高：9000mm；

（7）水冷壁下集箱标高：4800mm；

（8）过热蒸汽出口管道标高：44400mm；

（9）再热蒸汽出口管道标高：44450mm；

（10）再热蒸汽进口管道标高：23600mm；

（11）锅炉构架左右副柱中心距：32000mm；

（12）锅炉构架最大纵深：38500mm；

（13）水平烟道深：2760mm；

（14）尾部竖井深（主烟道/旁通烟道）：3503/3842mm。

1.3.1.3　锅炉主要技术特性数据（BMCR工况）

（1）锅炉计算热效率：91.27%；

（2）排烟温度：136.2℃；

（3）计算燃料耗量：65.75t/h；

（4）一次风热风温度：247℃；

（5）二次风热风温度：360℃；

（6）过热器一级减温水量：16.5t/h；

（7）过热器二级减温水量：7.5t/h；

（8）过热器阻力（B-MCR 工况）：1.5MPa；

（9）再热器阻力（B-MCR 工况）：0.18MPa；

（10）省煤器水道阻力（B-MCR 工况）：0.35MPa。

1.3.1.4 锅炉的水容积

锅炉主要受压部件的水容积见表 1-7。

表 1-7　锅炉主要受压部件的水容积　　　　　　　　（m³）

部　件	锅筒	水冷系统	过热器	再热器	省煤器	总计
正常运行时	15	90	0	0	15	120
水压试验时	36	90	52	55	15	248

注：1. 水压试验时，锅筒水温必须不小于 50℃，不宜超过 70℃；

　　2. 高温再热器中水质氯离子含量不应大于有关标准规定数值（高再受热面中有 1Cr18Ni9Ti 奥氏体钢）。

1.3.2 锅炉结构及主要设备

1.3.2.1 锅筒及锅筒内部装置

本锅炉采用单锅筒，内径 $\phi1600$mm，壁厚 95mm，筒身直段长 15600mm，两端为椭球形封头，连封头在内全长约 17550mm，整个锅筒用 BHW35（13MnNiMoNb）钢板制成，如图 1-13 所示。

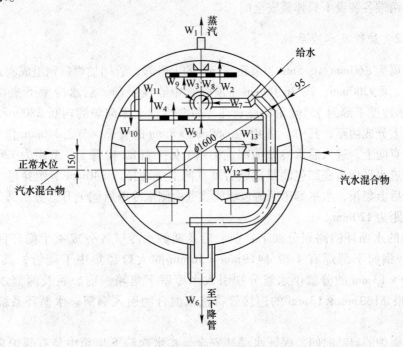

图 1-13　锅筒内部装置简图

锅筒内汽水分离装置为单段蒸发式，60 个 ϕ315mm 带导流板的切向旋风分离器沿锅筒长度分成前、后两排均匀布置，来自水冷壁的汽水混合物，通过分组连通箱进入旋风分离器。每个旋风分离器的平均负荷约 10t/h，汽和水在分离器内初步分离后，蒸汽经过旋风分离器顶部的波形板分离器进入平板式清洗装置，蒸汽经过水清洗后在上升过程中在重力分离作用下进一步除掉水分，最后通过锅筒顶部的均汽板，通过引出管进入顶棚过热器。

来自省煤器的给水进入锅筒后分成两路，一路通往清洗装置，其水量占总给水量的 50%，另一路均匀引入到集中下降管内，因给水温度和饱和温度差别较大，给水直接引入集中下降管内可避免集中下降管接头与锅筒壁连接处因温差产生疲劳应力，又可防止下降管入口处产生旋涡造成下降管带汽，在下降管进口处装有消除旋涡的栅格板和十字板。

正常水位在锅筒中心线下 150mm 处，最高和最低水位距正常水位 ±50mm，为防止运行中锅筒满水，锅筒内装有紧急放水管，两侧封头装有高读双色水位计各 1 套，电子水位计、电接点水位表、水位保护、给水自动调节等用的平衡容器共 6 套，并配备一次阀门。锅筒上还装有高读和低读压力表。

锅筒内装有炉水处理用的磷酸盐加药装置和连续排污装置。为缩短锅炉启动时间，锅筒内设置了邻炉加热装置，加热用的蒸汽压力约为 1.27MPa，温度为 320 ~ 350℃，Q = 15t/h。

锅筒由两组链板式吊挂装置悬吊在锅炉顶板上，安装时应根据锅筒外壁的实际形状修正链片，使与锅筒处外表面接触良好，调整吊挂装置顶部铁垫块来保证锅筒轴线水平无挠度，能使吊挂装置受力均匀。

在筒身两端各装设 1 只弹簧安全阀。

1.3.2.2　炉膛及水冷系统

炉膛四周为 ϕ60mm ×6.5mm、节距 80mm 的上升管，管间加焊扁钢组成膜式壁，炉膛宽 9840mm，深 9200mm，高 36700mm（顶棚管中心线至前、后水冷壁下集箱中心线间距）。前后水冷壁下部为 55°倾角的冷灰斗，后水冷壁上部向炉膛内折 2800mm 形成折焰角，然后向上分成两路，其中一路 40 根 ϕ60mm ×8mm 的管子，节距 240mm 作为后水冷壁的悬吊管垂直向上，进入后水冷壁前部上集箱，另一路 82 根管子，节距为 120mm 以 35°倾角向后构成水平烟道底部包墙膜式壁后垂直向上成两排以 240mm 节距穿过水平烟道进入后水冷壁后上集箱，水平烟道两侧包墙膜式壁由侧水冷壁后侧上升管分出部分水冷壁管来包敷，节距为 120mm。

水冷壁的水循环回路划分如下：前、后及两侧水冷壁各分成 4 个循环回路，一共 16 个回路。锅筒下部焊有 4 根 ϕ419mm ×36mm 的大口径集中下降管，其下端用 60 根 ϕ133mm ×13mm 的分散供水管分别引入水冷壁下集箱。前、后及两侧水冷壁上集箱通过 64 根 ϕ133mm ×13mm 的连接管将汽水混合物引入锅筒。水循环系统如图 1-14 所示。

为缩短锅炉的启动时间，保证水循环安全，在水冷壁下集箱中装有邻炉来汽加热装置，其汽源来自于锅筒内加热装置同一汽源，蒸汽耗量约为 15 ~ 20t/h。

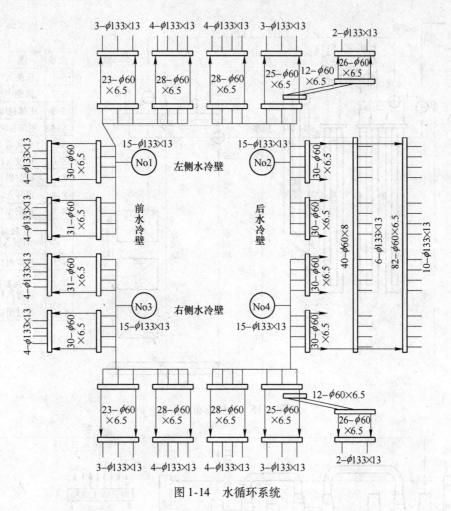

图 1-14　水循环系统

为运行、检测和维修的需要，炉膛和尾部竖井设置了窥视孔、打焦孔、火焰 TV 监视、热工测量、吹灰及检查人孔等。

1.3.2.3　过热器及调温

（1）过热器系统（见图 1-15 和图 1-16）。过热器由布置在炉膛上部的全辐射式前屏过热器和半辐射式的后屏过热器、顶棚及包墙尾部包墙膜式壁、对流形式折焰角上部的高温过热器、尾部竖井旁通烟道内的低温过热器组成。

按蒸汽流程，依次为顶棚管、包墙管、低温过热器、前屏、后屏、高温过热器。

按烟气流向顺序为前屏、后屏、高温过热器和低温过热器。

炉膛上部布置了 6 片"U"形前屏过热器，为减少同屏热偏差，前屏进口集箱分开，蒸汽由连接管进入集箱后，沿双 U 形管两外侧下行进入炉内，然后从两内侧上行穿出炉顶到出口集箱。

为减小沿锅炉宽度方向的热偏差，过热器系统进行两次左右交叉。屏式过热器采用管夹管结构来保持整排管子的平整。顶棚及包墙过热器均在管间焊扁钢组成膜式壁以保证炉膛和烟道的密封。

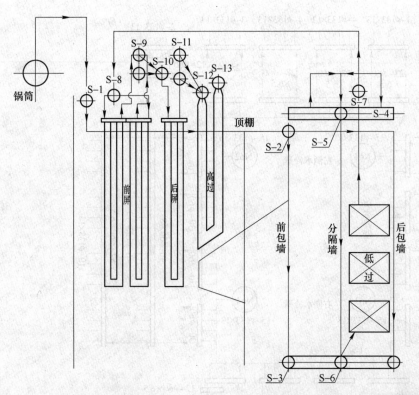

代号	名　　称
S-1	顶棚入口集箱
S-2	顶棚中间集箱
S-3	尾部包墙下集箱
S-4	尾部包墙上集箱
S-5	分隔墙上集箱
S-6	低过入口集箱
S-7	低过出口集箱
S-8	前屏入口集箱
S-9	前屏出口集箱
S-10	Ⅰ级减温器后屏入口集箱
S-11	后屏出口集箱
S-12	Ⅱ级减温器高过入口集箱
S-13	高过出口集箱

图 1-15　过热器布置图

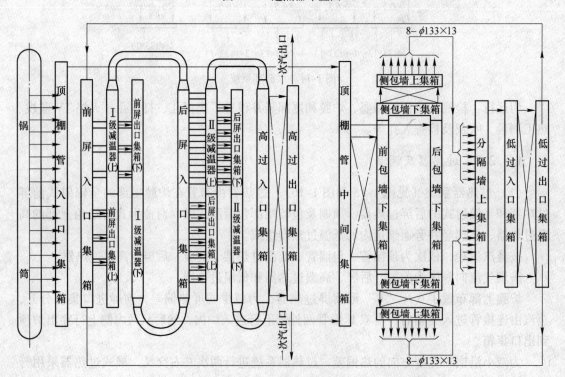

图 1-16　过热器系统图

（2）过热器受压元件所用材料。受热面管子所用材料见表 1-8，集箱所用材料见表 1-9。

表 1-8 受热面管材料规范

受热面区段	管子规格/mm	材料
顶棚管	$\phi 57 \times 5$	12Cr1MoVG
前、后、两侧包墙管	$\phi 51 \times 6$	20G
分隔墙管	$\phi 60 \times 6.5$	20G
低温过热器	$\phi 42 \times 5$	20G
前屏过热器	$\phi 42 \times 5.5$	12Cr1MoVG SA213-T91
后屏过热器	$\phi 42 \times 5.5$	SA213-T91
高温过热器	$\phi 38 \times 6$	SA213-T91

表 1-9 集箱材料规范

集箱名称	规格/mm	材料
顶棚管入口集箱	$\phi 273 \times 40$	20G
顶棚管分配集箱	$\phi 273 \times 40$	12Cr1MoVG
后包墙下集箱	$\phi 273 \times 40$	20G
前包墙下集箱	$\phi 273 \times 40$	20G
侧包墙下集箱	$\phi 273 \times 40$	20G
侧包墙上集箱	$\phi 273 \times 40$	20G
分隔墙上集箱	$\phi 273 \times 40$	20G
低温过热器入口集箱	$\phi 273 \times 30$	12Cr1MoVG
低温过热器出口集箱	$\phi 273 \times 40$	20G
前屏入口集箱	$\phi 325 \times 35$	12Cr1MoVG
前屏小集箱	$\phi 219 \times 25$	12Cr1MoVG
前屏出口集箱	$\phi 325 \times 35$	12Cr1MoVG
后屏入口集箱	$\phi 273 \times 30$	12Cr1MoVG
后屏小集箱	$\phi 219 \times 25$	12Cr1MoVG

（3）过热器的汽温调节。以喷水式减温作为过热器气温的主要调节手段，共布置两处喷水点。一级减温器布置在后屏过热器前，作为粗调节。二级减温器布置在高温过热器前，作为细调节。过热器蒸汽流程如图 1-17 所示。

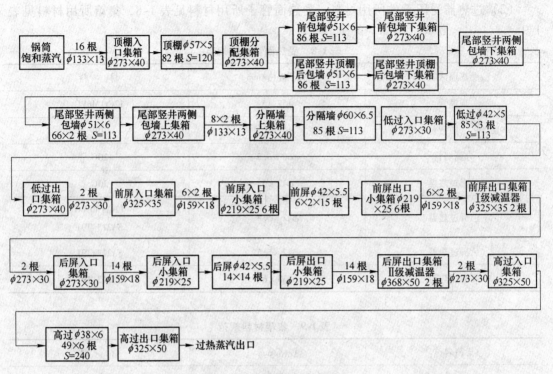

图 1-17　过热器蒸汽流程图

模块 2 锅 炉 启 动

课题 2.1 母管制锅炉启动

锅炉的启动（又称为升火）分为冷态启动和热态启动两种。所谓冷态启动，是指锅炉经过检修或较长时间备用后，在没有压力且温度与环境温度相接近的情况下启动。热态启动，则是指锅炉经较短时间的停用，还保持有一定压力和温度情况下的启动。热态启动时的工作内容与冷态启动大致相同，只是由于热备用状态的特点，某些工作内容可以省略或简化。为了能了解锅炉启动工作的全过程，本章将以冷态启动作为讨论的基本内容。

锅炉启动的时间，即升火的持续时间，对母管制锅炉是指从点火到并汽所需要的时间；对单元制机组，是指从点火到带额定负荷所需要的时间。

锅炉启动时间的确定，应考虑以下两个原则：

（1）使锅炉机组各部件均匀地升温，不致产生过大的热应力（温度应力）。

（2）在保证设备安全的前提下，尽量缩短启动时间，以满足生产用电或供热的需要，并减少启动中的汽水损失和热量损失。

锅炉启动所需的时间，除与启动前锅炉所处的状态有关以外，还与锅炉机组的形式、容量、结构、燃料种类、电厂热力系统的形式以及气候条件等有关。

对于母管制系统，中压锅炉的启动时间一般为 2~3h，高压锅炉的启动时间一般为4~5h。如锅炉设备存在缺陷，其启动时间应酌情延长。锅炉启动的过程是不稳定过程。启动过程中锅炉工况的变动很复杂，例如：各部件的工作压力和温度随时在变化，部件金属可能受到很大的热应力；启动初期炉膛温度低，燃烧不易控制，容易发生灭火和爆燃；启动过程中汽包的水位波动很大，容易造成缺水或满水等。因此，锅炉启动是锅炉机组运行的一个重要阶段。锅炉运行人员必须熟悉锅炉启动工作的全过程和有关的知识，同时在进行监视和调整操作时应做到认真和准确，以保证启动过程的顺利进行。

对于母管制锅炉机组，锅炉的冷态启动过程一般包括启动前的检查与准备、点火、升压、暖管和并汽等几个阶段。对于母管制锅炉首台供汽的锅炉，暖管可与点火升压同步进行。

2.1.1 启动前的检查与准备

锅炉机组启动前进行必要的检查和准备工作，是为了保证锅炉的全部设备均正常完好并处于准备启动的状态，使运行人员了解与掌握设备的现有状况，以便锅炉在启动过程中及投用后安全可靠地运行。

启动前检查与准备工作的主要内容包括以下几个方面。

2.1.1.1　炉内检查

炉内检查包括燃烧室及烟风道内部的检查，对循环流化床锅炉还需对布风、分离、回灰装置等进行检查，如图 2-1 ~ 图 2-6 所示。一般在检修后结合验收工作进行，检查内容有：炉内应无杂物，炉墙、浇注料等应完整无裂缝；喷燃器、油枪位置应正确、完好，喷燃器口及油枪头无焦渣堵塞；受热面管上无焦渣、堵灰、裂纹、鼓包、变形和磨损，焊口应无渗水的痕迹，各固定卡子、挂钩应完整，管子间距正常；所有仪表管的引出端无堵塞

图 2-1　蔗渣炉炉膛内检查

图 2-2　煤粉炉水冷壁检查

图 2-3　尾部烟道（省煤器）检查

图 2-4　空预器检查

图 2-5　水平烟道（过热器）检查

图 2-6　水平烟道转向室检查

或破裂现象；吹灰器完整、位置正确；烟道及挡墙应无裂缝或倒塌、严重磨损或腐蚀现象；各风、烟挡板完整；排放渣系统检查无异常。

2.1.1.2　炉外检查

主要的炉外检查内容包括：各看火门、通渣孔、检查孔、人孔门应完整并应关闭；防爆门应完整，上面无影响其动作的杂物；保温层应完整无脱落；各处挡板及传动装置动作灵活，开度指示、控制室反馈应与实际相符合，连接销子应完整；检查后将各挡板调整至启动位置，如送风机、引风机出口挡板应开启，其进口调节挡板应关闭；二次风总风门应开启，各一次、二次风挡板除点火喷燃器需调整至适当开度外，其余均应关闭等；汽包直接水位计清晰透明、照明充足、刻度指示清晰正确，水位计各阀门开关灵活，汽、水门开启，放水门应关闭；锅炉操作盘各仪表、信号装置、指示灯、操作开关等完整良好，检查所有表计、信号、保护、电动门及转动设备电源已连上，状态显示正常（配合热工及电气人员进行）。各项炉外检查如图 2-7～图 2-10 所示。

图 2-7　安全阀检查

图 2-8　水位计检查

图 2-9　压力表检查

图 2-10　烟风道检查

2.1.1.3　汽水系统的检查（见图 2-11～图 2-18）

启动前汽水系统检查的内容应包括以下几方面：

（1）汽水系统阀门完整，动作灵活，阀杆不应有弯曲、锈涩现象；格兰应有再拧紧的裕度；以便在泄漏时可加紧盘根；手轮开关方向应与指示相符合；远控机构灵活好用，对电动阀门应进行遥控试验，证实其电气和机械部分工作可靠。

图 2-11　给水系统检查

图 2-12　主汽系统检查

图 2-13　吊杆检查

图 2-14　弹簧吊架检查

图 2-15　汽包膨胀指示器检查

图 2-16　各联箱膨胀指示器检查

图 2-17　汽水管道系统检查

图 2-18　刚性梁检查

（2）主蒸汽管、给水管及排污管等管道上不需要的堵板应拆除。

（3）汽水取样及加药设备应完整可用。

（4）膨胀指示器完整、牢固、无阻碍，并校对其指示零位。

（5）管道的支吊架应完整牢固，保温良好，介质流向清晰。

（6）汽、水系统各阀门调整至启动前位置。

（7）压力表、安全阀完整规范，并在有效使用期内。

图 2-19 至图 2-21 分别表示常见锅炉启动前蒸汽系统和给水系统的各主要阀门所处的位置，当然，不同的锅炉汽水系统启动前各阀门的开关状态会有差别，要求在实际操作中以本企业操作规程或使用说明书为准，但总体原则并无太大区别。

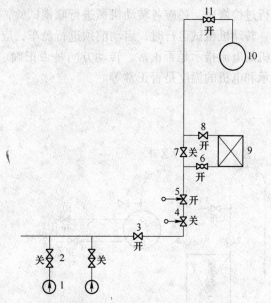

图 2-19　给水系统阀门点火前开关状态

1—给水泵；2—给水泵出口阀门；3—给水管道截止阀门；4—手动给水调节阀门；5—自动给水调节阀门；6—省煤器进口阀门；7—省煤器旁路阀门；8—省煤器出口阀门；9—省煤器；10—锅筒；11—锅筒前给水阀门

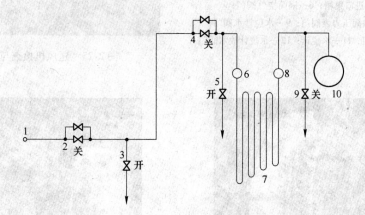

图 2-20　主蒸汽系统阀门点火前开关状态

1—蒸汽母管；2—母管前主汽阀门；3—蒸汽管道疏水阀门；4—锅炉主汽阀门；5—过热器后疏水阀门；6—过热器出口集箱；7—过热器；8—过热器进口集箱；9—过热器前疏水阀门；10—锅筒

2.1.1.4　转动机械的检查与试运

转动机械的检查与试运如图 2-22～图 2-25 所示，其主要内容有：转动机械的联轴器应有防护装置；转动机械及其电动机的地脚螺栓不得松动；轴承油位正常，油质良好；冷却水畅通并已开启；转动机械的电气设备正常。

对各转动机械应进行一定时间的试运转。在锅炉大、中修后或对转动机械的电气设备进行过检修后，还应各转动机械进行联锁试验，确保其动作可靠正常。

转动机械试运行时，启动前须进行盘车，应无异响、卡涩现象。试运转中，监视其电动机的电流指示是否正常、转动方向是否正确、有无明显振动、摩擦和串轴等异常现象，轴承和电机的温度是否正常等。

图 2-22　引风机检查与试运

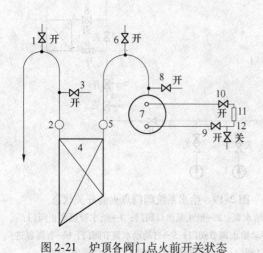

图 2-21　炉顶各阀门点火前开关状态
1—过热器空气阀门；2—过热器出口集箱；
3—过热蒸汽压力表阀门；4—过热器；
5—过热器进口集箱；6—锅筒空气阀门；
7—锅筒；8—锅筒压力表阀门；9—水位计进水阀门；
10—水位计汽阀门；11—水位计；12—水位计放水阀门

图 2-23　送风机检查与试运

图 2-24　风机风门挡板检查

图 2-25　联轴器和轴承座检查

2.1.1.5　燃料的准备

对于煤粉炉，输送系统处于投用状态制粉系统处于准备启动状态；原煤仓应有足够的煤量；中间储仓式制粉系统的煤粉仓中应有足够的粉量，若无煤粉或粉量不足，可利用螺旋输粉机从运行炉向煤粉仓送粉。燃料系统检查如图 2-26 所示。

对于流化床锅炉，制备好足够的合格的点火用煤，输送系统、碎煤机处于备用状态。蔗渣炉的燃料准备参考附录。

点火油系统循环正常，油枪雾化正常。

2.1.1.6　锅炉上水

如图 2-27 所示。根据具体设备和条件的不同，锅炉上水（或称锅炉进水）有以下几种方式：

图 2-26　燃料系统（磨煤机）检查

（1）通过给水系统旁路上水。

（2）通过水冷壁下联箱的放水总管或省煤器放水门上水。

（3）利用过热器反冲洗管上水。

（4）当锅炉内原已有水，且水质合格，只需调整汽包水位至点火水位。

图 2-27　锅炉上水

向锅炉进的水应为经过处理合格（除盐、除氧）的水，即进入锅炉的水应符合锅炉给水的品质要求。

进水温度不应超过 90℃，防止由于进水温度太高而产生过大的热应力，避免汽包、联箱等发生弯曲变形或焊口产生裂纹。当锅炉汽包的钢材具有较高的冷脆性时，进水温度也不能太低，应根据具体材料的要求而定。

锅炉上水的速度不应太快，进水初期更应缓慢，以免受热不均而损伤设备。进水所需的时间视水温、气候条件、锅炉形式和设备是否有缺陷而定。高压以上锅炉对上水时间，一般为 3～4h。冬季的上水时间应比夏季长。对于有缺陷的锅炉，其上水时间应酌情延长。

锅炉点火以后，炉水受热要膨胀、汽化，水位会逐渐上升，因此，锅炉进水只需进到汽包水位计的最低可见水位处即可，此最低水位称为点火水位。中小型锅炉启动过程中，总要消耗部分汽水，点火水位也可定为稍低于中水位。锅炉上水完毕后，应检查汽包水位有无变化。若水位上升，说明给水门未关严或有泄漏；若水位下降，则说明有泄漏的地方（如放水门、排污门漏水），应查明具体原因，采取措施予以消除。

　　此外，进水过程中应注意汽包上壁、下壁温差和受热面的膨胀情况是否正常，要求上下壁温差小于50℃进水前后均应记录各部膨胀指示值。发现异常情况，须查明原因并予以消除。

　　锅炉启动前除做好以上所述的主要检查与准备工作以外，还应与燃料运输、除尘、电气、热工仪表、水化等部门密切联系，并配合做好送电、投入有关表计和自动装置的准备以及汽水品质的化验监督等工作。

2.1.2　锅炉点火

　　锅炉点火前，先启动引风机（有两台引风机的一般先启动一台），调整其挡板开度，维持一定的炉膛负压，对锅炉烟道进行通风5~10min，以排除残存在炉内和烟道中的可燃物，防止点火时发生爆燃。然后启动送风机，调整总风压使其维持在点火所需的数值。若锅炉采用的是回转式空气预热器，则在启动引风机、送风机和投用暖风器前，应先启动回转式空气预热器，以使空气预热器的转子能受到均匀加热。在启动各转动机械时，应注意其启动电流的大小及其持续时间，同时应检查设备运转情况是否正常。

　　对于煤粉炉，还应对一次风管进行吹扫；每根的吹扫时间为2~3min，以清除管内可能积存的煤粉，防止点火时发生爆燃。吹管应逐根进行，切换一次风挡板时必须先开后关。对于燃油炉，应事先利用蒸汽逐一对油管和喷嘴进行加热冲洗，以保持油流畅通。待吹扫完毕后，关小引风机调节挡板，维持点火所需的炉膛负压，调整一二次风门开度，以准备进行点火。

　　对于蔗渣炉，点火燃料一般为木材和蔗渣，点火时极少出现熄火的情况。其他类型的中小型锅炉冷炉点火时，注意防止油枪熄火，点火时最好同时使用两支点火喷燃器，两支喷燃器可以互相影响，容易使燃烧稳定，也使炉膛受热较均匀并使烟道两侧烟气温度均匀。对于煤粉炉，由于煤粉喷燃器的送粉量较大，为了防止炉膛温度升高过快，应根据燃烧工况、各部温度情况和燃煤性质等条件，经过一定的时间以后再投入煤粉喷燃器。投粉时应先投入油枪上面或靠近油枪的煤粉喷然器，这样容易引燃煤粉。投粉以后，如发生炉膛熄火，应立即停止送粉，并对炉膛进行充分的通风吹扫，然后再重新点火，以免未点燃的煤粉爆燃，致使锅炉设备损坏、严重时危及人身安全。

　　点火时的喷油量和投煤粉以后的喷粉量均应控制恰当，既要考虑尽量使炉膛受热均匀，又要防止升温速度过快而造成汽包壁温差过大和过热器管金属超温等，详见锅炉升压曲线。

　　循环流化床锅炉点火见实训2.2.1锅炉启动操作，蔗渣炉启动可参考附录。

2.1.3　锅炉升压

2.1.3.1　升压过程和升压曲线

　　锅炉点火以后，燃料燃烧放热使锅炉各部分逐渐受热，蒸发受热面和炉水的温度也逐渐升高。水开始汽化，汽压逐渐升高。从锅炉点火时至汽压升至工作压力的过程称为升压过程。

　　在升压过程中，蒸发受热面所吸收的热量，除用于加热水至饱和温度，使部分水汽化外，同时也会使受热面金属温度相应地提高。

由于在饱和状态下水和蒸汽的温度和压力之间存在一一对应关系，所以蒸发设备的升压过程也就是升温过程，通常就以控制升压速度来控制升温速度的大小。

为避免由于温差过大产生较大的热应力，使汽包和各受热面发生变形或损坏，锅炉的升压速度不能太快。

根据理论估算和运行实践，高压和超高压锅炉升压过程中的平均温升速度一般为 $1.5 \sim 2℃/min$，升压初期应更低。

锅炉启动时，蒸汽压力因产汽量的不断增加而提高，汽包内水的饱和温度随着压力的提高而增加。由于水蒸气的饱和温度在压力较低时对压力的变化率较大，在升压初期，压力升高很小的数值，蒸汽的饱和温度将会提升很多。

锅炉启动初期，自然水循环尚不正常，汽包下部水流速低或局部停滞，水对汽包壁的放热为接触放热，放热系数较小，故汽包下部金属壁温升高不多；汽包上部则是蒸汽对汽包壁的凝结放热，放热系数大，故汽包上部金属温度较高，由此造成汽包壁温上高下低的现象。另由于汽包壁较厚，形成汽包壁温内高外低的现象。因此，蒸汽温度的过快提高将使汽包由于受热不均而产生较大的热应力，严重影响汽包寿命。故在锅炉启动初期必须严格控制升压速度，以控制温度的过快升高。

在升压的后期，尽管汽包的上下壁和内外壁温差已大为减小，升压速度可以比低压阶段快些，但由于工作压力的升高，产生的机械应力较大，因此后阶段的升压速度也不能超过规程规定的速度。

综上可知，在锅炉升压过程中，升压速度太快，将影响汽包和各部件的安全。但如果升压速度慢于规程要求的速度太多，则将延长机组的启动时间，汽水损失增加，这是不经济的。因此，对于不同类型的锅炉，应当根据其具体设备条件，通过启动试验，确定升压各阶段的温升值或升压所需的时间，制定锅炉的升压曲线，用以指导锅炉启动时的升压操作。一般锅炉厂都会提供锅炉升压曲线图，但在启动过程中，仍应记录实际的升压时间，以供运行分析之用。

图 2-28 为 200t/h 的高压锅炉在母管制系统中的冷态启动升压曲线。从曲线可以很明显地看出，在低压阶段升压速度较慢，而在高压阶段，压力越高，升压速度越快。

图 2-29 为某型 300MW 机组的锅炉在单元制系统中的冷态滑参数启动升压曲线。由于采用滑参数启动，所以锅炉的启动与汽机关系密切，如压力升至 4.3MPa 后，保持一段时间压力不变，这是汽机从冲转到升速所需要的时间。压力升到额定压力，负荷也带到额定负荷，整个升压时间约为 500min。从图 2-29 中仍可以清楚地看出，压力越高，升压的速度越快。

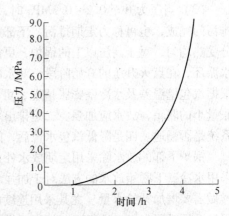

图 2-28　高压锅炉冷态启动升压曲线

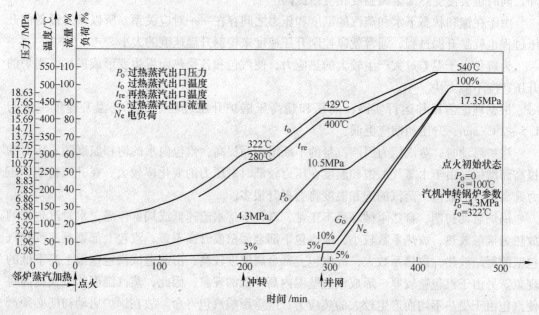

图 2-29　冷态启动曲线

2.1.3.2　升压过程中的定期工作

锅炉升压过程中，锅炉运行人员应按照规程的要求，在不同的汽压下进行有关操作，如关闭空气门、冲洗水位计、热紧螺栓、进行锅炉下部的定期放水、检查和记录热膨胀、暖管以及一般性的检查工作等。这些工作的时间在规程中都有规定，故称为定期工作。不同的锅炉规程要求的定期工作对应的压力有差别，但相差不大。

（1）当锅炉起压后，汽包压力升至 0.05 ~ 0.1MPa 时，可冲洗一次水位计。冲洗后应核对水位，以保证汽包水位指示的正确。冲洗时，操作应缓慢，人不要正对水位计。

（2）当压力升至 0.15 ~ 0.2MPa 时，空气已排完，应关闭空气门。

（3）当压力升至 0.2 ~ 0.3MPa 时，进行锅炉下部放水。由于此时放水主要通过定期排污门完成，也可称为定期排污。下部放水的目的有四个：一是为了促使蒸发受热面各部分受热均匀，对于高压以上的锅炉，更需注意受热面的均匀受热。为了尽早建立起正常的水循环，在点火升压的开始阶段，对水冷壁下联箱的放水时间可长一些。在升压中期还应根据汽包壁温差及水冷壁膨胀情况，可再放水 1 ~ 2 次。放水时应区别不同情况，对于膨胀量小的联箱，放水应加强。二是排出水渣以提高炉水的品质。三是检查水冷壁排污放水系统是否畅通。四是降低汽包水位后，间隔地补充给水可以对省煤器进行保护。

锅炉下部的放水除采用定期放水外，还可进行连续放水（当水质很差时）。实践证明，采用水冷壁下联箱放水的方法对于加强水循环和促使各部受热均匀是很有效的。但是，这样做需要增加补给水量（尤其采用连续放水时），因而会造成一些汽水损失，目前中小型锅炉升压过程中极少进行定期放水工作，这应该是其中的原因之一。总体上看，此项工作利大于弊，但需要注意的是在放水过程中，应密切注意汽包水位的变化，避免发生水位事故。

（4）当压力升至 0.3~0.4MPa 时，应稳压一段时间，对检修中拆卸过的螺栓（如汽包人孔门螺栓等）进行热紧。对于高压锅炉，实标紧螺栓时的压力有时高于上述压力，主要是为了使螺栓连接得以充分膨胀后再行拧紧，比较有利于连接的紧密性。但是，为安全起见，一般禁止在较高的压力下（大于 0.49MPa）或者不用规定的工具时进行螺栓的热紧工作。

（5）当压力升至 0.4~0.6MPa 时，可以开始主蒸汽管的暖管工作，对于母管制锅炉来说，很多时候疏水暖管从起压时就已经开始。

（6）当压力升到接近并汽压力之前（约 80%~90% 工作压力），应再次冲洗水位计，并校对二次水位计是否正确可靠。同时，应对锅炉机组进行全面性检查，以确保锅炉并汽和带负荷工作的顺利进行。

（7）若安全门进行过检修，则在并汽以前还应进行安全门的校验工作。

以上各项定期工作，分析如下：

（1）规定水位计冲洗至少两次，是考虑到自始至终必须有正确的水位指示。所以起压时就要冲洗一次。但第一次冲洗时压力低，冲洗力量小，同时有些沉积物要到压力较高时才沉积下来，所以压力高的时候还应再次进行冲洗。这个规定的次数是最低限度，当水位指示模糊或水位计堵塞时，应增加冲洗次数。冲洗合格后汽包直接水位计、直接水位计与二次水位计水位的校核很重要，需要热工仪表人员配合完成。

（2）关闭空气门。关闭空气门的时间要正确。关闭过早，汽包内空气驱逐不尽，积存空气会在汽包内造成冲击；关闭太迟，既影响过热器的冷却，又浪费蒸汽。当然如果其他阀门能够起到空气阀的作用，可以提前关闭空气门。

（3）锅炉全面检查。规定全面检查是必要的，检修后的锅炉，虽然经过水压试验合格，但一些缺陷要在热态情况下才会暴露，受热不均还会造成新的缺陷，所以一般在蒸汽压力较低和较高时至少安排两次全面检查，可以避免锅炉带病运行或故障停炉。

（4）热紧螺栓。经过检修的设备，其中有些拆卸过的螺栓在冷态时已拧紧，但螺栓温度升高后会伸长，此时紧度就不够了，所以需要再次拧紧螺栓。但为了避免将螺栓拧断。不允许高温时紧螺栓，在低压情况下，水汽温度还不高，这时热紧螺栓是比较合适的。

（5）上水、放水。规定必须进行上水、放水，这对均衡锅炉各部分的温度有很大好处。但也要灵活掌握，当省煤器出口水温高时，必须进行上水、放水。在上水时，应关闭省煤器再循环门，以免给水由再循环管短路进入汽包，上水完毕后再打开再循环门。

2.1.3.3　升压过程中热膨胀的监视

在升压过程中，必须注意监视汽包、各联箱和管道的热膨胀情况，定期检查和记录汽包各监视点壁温和各处膨胀指示器的指示值，以判断其膨胀是否正常。

若各水冷壁管的受热情况不同，则管子膨胀后，水冷壁下联箱下移的数值也不相同。因此，水冷壁受热的均匀性可通过膨胀量来加以监督。当水冷壁及其联箱不能自由膨胀时即有较大热应力产生，严重时将使水冷壁管发生弯曲或顶（拉）坏其他部件。

对于各部分的膨胀指示值，除在点火前（即冷态）先做好记录以外，一般在升压初期和并汽以前还应再一次进行检查和记录。在升压过程中如发现膨胀有异常情况时，应暂停升压，待查明原因消除缺陷后，再继续升压。

当水冷壁管及其联箱因受热不同而产生不均匀膨胀时，可用加强放水的方法，特别是加强膨胀量小的水冷壁回路放水的方法来解决。

2.1.3.4　升压过程中汽包的安全问题

现代汽包锅炉在启动过程中，汽包壁温差是必须控制的安全性指标之一。锅炉启动时要严格控制升压速度，很主要的一个因素就是考虑汽包的安全。

（1）汽包壁温差过大的危害。当汽包上下壁或内外壁有温度差时，将在汽包金属壁内产生附加的热应力（温度应力）。当温差过大时还会使汽包发生弯曲变形。当汽包上部壁温高于下部壁温时，上部壁温高，膨胀量大，力图拉着下部一起膨胀；而下部壁温低，膨胀量小，限制了上部的膨胀。因而，汽包上部的金属壁受到压缩应力，而下部金属壁则受到拉伸应力。

同样，当汽包内壁温度高于外壁温度时，内壁由于温度高膨胀量大，将受到压缩应力；而外壁温度低膨胀量小，将受到拉伸应力。

产生的热应力的大小，除与汽包钢材的性能和制造质量有关外，主要取决于温差的大小。温差大时，产生的附加热应力也大。理论计算表明，由于汽包壁温差而产生的热应力能够达到十分巨大的数值。

锅炉在启动、停炉等过程中，如果经常出现汽包壁温差过大致使热应力过大，再加上其他因素的影响（例如高机械应力、高碱度炉水的侵蚀作用等），则最终可能使汽包导致损坏（如产生裂纹等），其后果是很严重的。因此，对于升压过程中汽包的安全问题应当予以足够的重视。

（2）产生温差的原因。锅炉启动过程中汽包上下壁和内外壁总是存在温差的，产生温差的原因主要有以下几点：

1）由点火前锅炉上水引起。进入锅炉的水都具有一定的温度；同时无论哪种进水方式，水进入汽包后总是先与汽包下部接触，即总是汽包下半部而且是内壁先受热，而金属传导热量需要一定的时间，这种情况下，汽包上部与下部，内壁与外壁之间就必然存在温差。进水温度较高、进水速度越快时，温差就越大。

2）锅炉升压初期汽包壁受热不够均匀。升压初期水循环尚未正常，汽包中的水流动很慢，汽包的上部与蒸汽接触，由于金属温度低，蒸汽在汽包上部壁面上的凝结放热；而汽包的下部与水接触，在下部壁面上也发生水对金属的接触放热。但蒸汽凝结放热时放热系数要比水的放热系数大 2～3 倍，所以上半部汽包壁的受热要比下半部汽包壁的受热剧烈得多，使上半部金属的温升快，因而造成汽包上下壁有温差。当升压速度越快时，温差越大。

3）现代大容量锅炉的汽包很长而且壁很厚，由于传热缓慢，必然造成沿汽包长度和截面的温度有差别。

汽包内的水和蒸汽的温度是随汽压而变化的，汽压上升，饱和温度也升高。与水和蒸汽接触的汽包内壁，其温度接近于饱和温度；但外壁温度的升高则受到金属导热的限制，因而造成内外壁之间有温差。在汽包内的工质温度达到额定压力下的饱和温度的过程中，这一温度差始终是存在的，其大小与升压速度有关；升压越快，饱和温度的升高速度越大，汽包内外壁的温差也就越大。

4）其他原因。比如当省煤器再循环门不严密，在启动过程中向锅炉补充进水时（此时再循环门本应严密关闭），一部分低温给水就会不经过省煤器直接进入汽包，因而引起汽包壁产生温差。

（3）温差最大值出现的时间和部位。温差最大值出现的时间，一般是在启动初期汽包压力较低的情况下。其原因为：

1）启动初期，水循环较弱，因此水侧扰动小，水对汽包下部的放热能力弱，使汽包下半部金属的升温慢。

2）饱和温度是随压力而变化的，但由于压力升高与饱和温度升高的数值不一样，而且在低压阶段，饱和温度随压力变动的变化率大（见表 2-1），因此在低压阶段，压力较微的变化就会引起饱和温度较大的变化，也即引起炉水和蒸汽温度较大的变化，使水和蒸汽对汽包壁的放热量也相应地发生较大的变化，这就促使汽包壁的温差加大。

表 2-1 饱和压力（绝对压力）与饱和温度对照表

P/MPa	$T/℃$	P/MPa	$T/℃$	P/MPa	$T/℃$	P/MPa	$T/℃$
0.1	100	1.0	180	1.9	210	6.0	276
0.2	120	1.1	184	2.0	212	6.5	281
0.3	134	1.2	188	2.5	224	7.0	286
0.4	144	1.3	192	3.0	234	7.5	291
0.5	152	1.4	195	3.5	243	8.0	295
0.6	159	1.5	198	4.0	250	9.0	303
0.7	165	1.6	201	4.5	257	10.0	311
0.8	170	1.7	204	5.0	264	11.0	318
0.9	175	1.8	207	5.5	270	12.0	325

随着蒸汽压力的提高和正常水循环的建立并逐步加强，整个锅炉机组也逐渐处于热稳定状态，汽包壁温差就会逐渐减小，汽包的弯曲变形也会逐渐消失，仅剩下微不足道的数值。

启动过程中汽包壁温差最大值出现的部位，一般认为在汽包中部。其理由是在汽包上部，饱和蒸汽引出管通常位于汽包中间部位，因此这里蒸汽对金属的放热较汽包的两个端部要强烈，金属温度上升得快；而在汽包下部，给水经分配管进入汽包后，两端的给水量多，中段少，因此中段的扰动小，即中段的炉水处于相对比较静止的状态，故中段壁温较两端要低。当然上述结论是不全面的，还是应该视汽包的具体结构，如蒸汽管的引出方式、给水的引入方式以及下降管的布置等情况而定。

对于高压和超高压锅炉，其蒸汽引出方式比较均匀，例如某厂 400t/h 的锅炉沿汽包长度比较均匀地布置了 12 根饱和蒸汽引出管，故不会造成只是中段受热特别强烈；同时给水引入方式也比较均匀，并且下降管是布置在汽包中段，故中段炉水的扰动也不会小。所以，在实际运行中出现与上述结论相反的情况。如某厂的超高压锅炉就出现过汽包两端封头的上下壁温差大于汽包中段的上下壁温差。

（4）防止温差过大的措施。目前国内各高压和超高压锅炉的汽包上下壁温差允许最大值均控制在 50℃ 以下，这个数值是根据实践经验总结出来的。实践证明，温差只要不超过 50℃，产生的附加温度应力不会造成破坏。

在锅炉启动中防止汽包壁温差过大的主要措施有：

1）严格控制升压速度。尤其是低压阶段的升压速度要尽量缓慢，这是防止汽包壁温差过大的根本措施。为此，升压过程应严格按照规定的升压曲线进行。在升压过程中，若发现汽包壁温差过大时，应降低升压速度或暂停升压。对于单元机组采用滑参数启动时，升压速度更应严格控制，因为低参数启动阶段，蒸汽的容积流量大，若升压太快，则蒸汽对汽包上半部壁的加热更剧烈，引起的温差就更大。控制升压速度的主要手段是控制好燃料量。此外，还可加大向空排汽量；对于中间再热单元机组则可增加旁路系统调整门的开度。

2）升压初期，汽压应按升压曲线稳定上升，尽可能不使汽压波动太大。因为汽压波动就会引起饱和温度的波动，在低压阶段，压力波动时饱和温度的变化率很大，必将引起较大温差。

3）设法迅速建立正常的水循环。如前所述，当锅炉点火后尚未建立起正常的水循环以前，水与金属的接触传热很差，因而汽包上下壁温差很大。而当水循环逐步建立以后，汽包中的水流扰动增大，使水与汽包壁的传热加强，能使上下壁温差逐渐减小。因此，能否尽早建立正常的自然水循环，不仅影响水冷壁受热的均匀性，而且也直接影响汽包上下壁温差的大小。

锅炉启动中可以从下述两方面来促使正常水循环的尽快建立：

①进行水冷壁下部的定期放水或连续放水。实践证明，采用加强水冷壁下部放水的方法，对促进水循环、减小汽包壁温差是很有效的。尽管这种办法会在经济上造成一些损失，但这样的损失是很值得的。

②维持燃烧的稳定和均匀，避免由于受热不均而影响正常水循环的建立。为此，应使炉膛火焰不要偏斜，可对称地投用油枪，采用了"小油量多油枪"等方法来使炉膛热负荷均匀。但是，升压初期投入的燃料量也不能太小，否则炉膛温度过低燃烧不稳定，同时火焰不易充满炉膛，将使水冷壁受热更不均匀。

4）启动前锅炉进水应严格按照规定进行，进水温度不得过高，进水速度不宜过快，以免造成汽包上下、内外部的温差过大。

此外，在启动时将汽包水位维持在较高的水平，甚至采用全部充满水启动，以便在启动过程中尽量减少补充进水的次数。这对控制汽包壁温差也有一定的作用。

在现代高压和超高压锅炉的汽包上，一般均装设有上下壁温测点。升压过程中运行人员应严格监视其壁温的变化，若发现温差过大时，应根据具体原因和设备情况采取措施，使温差不超过规定的数值，保证汽包的安全。

2.1.3.5　升压期间过热器的保护

在正常运行中，过热器管内有蒸汽不断流过；依靠蒸汽的冷却，过热器管壁金属不致超温。

　　但在锅炉启动的初期，过热器的工作条件较差，如何保护过热器使其管壁金属不超温是锅炉启动中的一个重要问题。

　　锅炉点火后未产生蒸汽以前，过热器处于无蒸汽冷却状态，而这时烟气却在对过热器进行加热，所以管壁温度很快就会接近流过的烟气温度。为了防止管壁金属超温，应当限制进入过热器的烟气温度，使之不高于过热器管壁金属的最大允许温度。为此，点火时投入的燃料量不能太多，燃料量增长的速度也不能过高。

　　点火一段时间后，水受热温度升高，逐渐有蒸汽产生，但在点火升压的初期，由于燃料燃烧放出的热量有很大一部分要消耗于加热水和金属，用于蒸发的热量比例还不大，因而产生的蒸汽量很少。过热器中的蒸汽流量很少时，容易发生各并列管子中的蒸汽流量不均匀。同时，点火升压初期由于炉温低，燃烧不够稳定，火焰不能充满炉膛，也容易使流经过热器的烟气分配不均。这样，对于蒸汽流量少而受烟气加热强的管子，极可能会出现超温的情况。所以，在点火升压的开始阶段，除了限制过热器进口的烟气温度以外，还应尽可能保持稳定的燃烧工况。使火焰不偏斜，充满程度尽量好一些，以避免发生烟气分配不均匀而使过热器管子受到局部强烈的加热。

　　此外，锅炉冷态启动时，过热器特别是屏式过热器中可能存有积水。在启动初期的低压阶段，积水可能会在管内形成水塞，导致管子超温或造成事故。运行实践表明，只要启动方式和操作正确，则过热器的积水问题不至于造成危险。随着升压过程的进行，过热器即依靠锅炉产生的蒸汽来进行冷却。流经过热器的蒸汽可通过过热器出口疏水门或向空排汽门排入大气。当汽压升至一定数值后，可将蒸汽送入供热系统或电厂中的低压蒸汽管系加以利用，以减少热量和工质的损失。对于中间再热单元机组，则可将蒸汽通过旁路系统引入冷凝器。

　　升压过程中，过热器的排汽量（即流经过热器的蒸汽流量）对过热器的安全有影响。排汽量小时，过热器管可能得不到足够的冷却；排汽量大时，对过热器的冷却作用加强，对过热器的安全是有利的，但排汽量越大汽压的升高则越慢，将会延长锅炉启动的时间。故确定排汽量的大小时，应同时考虑过热器的安全和缩短升压的时间两个因素。

　　为了保护过热器，应制定过热蒸汽的温升曲线。在正常运行中，如果没有过大的热偏差，过热器管壁金属温度与蒸汽温度相差不大，但在升压期间，二者的差值则较大，且差值是变动的。因此，应根据管壁金属温度的测定来制定过热蒸汽的温升曲线。

　　以往在升压期间还有用充水冷却的方法来保护过热器的。采用充水冷却时，由过热器反冲门向锅炉进水，使过热器内充满水。这样，在升压初期，过热器就依靠水的吸热蒸发而得到冷却。考虑到有风险，目前这种方法已不再使用。

2.1.3.6　升压过程中水位的控制

　　在升压过程中，锅炉工况的变动比较多，例如燃烧的调节、汽压汽温的逐渐升高、排汽量的改变、进行锅炉下部的放水等。这些工况的变化都会对水位产生不同程度的影响，若调节控制不当，将很容易引起水位事故。运行实践表明，相当一部分水位事故是发生在锅炉启动和停炉过程中。对于高压和超高压锅炉，由于给水压力很高，给水流量也较难控制，对于在升压过程中如何保持水位的正常应予以足够的重视。

为了安全，大容量锅炉在启动过程中，应派专人负责监视一次水位计的水位。

在升压过程中，对水位的控制与调节应密切配合锅炉工况的变化来进行。

在点火升压的初期，炉水逐渐受热、汽化，由于容积膨胀将使水位逐渐升高。此时一般要进行锅炉下部的放水，以使水冷壁受热均匀。在放水过程中，应根据放水量的多少和水位变化情况，决定是否需补充进水，以保持水位的正常。

在升压过程的中期，当主喷燃器投入运行，炉内燃烧逐渐加强后，汽压、汽温也逐渐升高。由于排汽量的增大，则消耗的水量也增多，将使水位下降，此时应增加给水量。由于主给水管流量大，不易控制，一般使用小旁路或低负荷进水管给水。

在升压过程的后期，进行并汽或校验安全门时，在开始的瞬间，由于大量蒸汽突然外流，锅炉汽压会迅速降低，引起严重的"虚假水位"现象，使水位迅速升高。为了避免造成饱和蒸汽大量带水，事先应将汽包水位保持在较低的位置。若虚假水位现象很严重时，还应暂时适当地减少给水，待水位上升趋势变缓时开大给水门增加给水。

在锅炉送汽带负荷以后，应根据负荷上升的情况，切换主给水管投入运行，并根据需要改变主给水调节门的开度，维持给水流量与蒸汽流量的平衡，保持水位的正常。当锅炉负荷上升到一定数值，水位也比较稳定后，即可将给水自动调节器投入工作。

2.1.3.7　升压期间燃烧、汽压、汽温的调节

在升压期间，为了使炉膛热负荷比较均匀，应正确选择喷燃器的运行方式。点火时，一般不应单独使用一个点火喷燃器，而应对称地使用两个喷燃器，并定期地进行切换。对于四角布置的喷燃器更应如此。

点火开始阶段，投入的燃料量应适当。然后，根据升压过程的要求，逐渐地增加喷燃器的运行支数。在增加燃料量时，不能太多太猛，以尽量避免引起燃烧工况的剧烈改变。

对于煤粉炉，在投用和切换煤粉喷燃器时应谨慎小心，防止发生炉膛灭火和爆燃。对于燃油炉，需注意燃油的雾化和风量的调节，因为燃烧室温度低，燃烧不易稳定。在点火过程中若发生炉膛灭火，应立即停止向炉内供应燃料，并加强通风；然后再重新点火，以免引起爆燃。

升压过程中，汽压的上升速度与锅炉产生的蒸汽量和锅炉排出的蒸汽量有关。前者取决于炉内的放热量；后者则取决于排汽管路的阻力，如排汽门的开度。为了保证有足够数量的蒸汽流经过热器进行冷却，升压过程中不能只用关小排汽的方法来提高升压速度，而应对燃烧作适当的调节。

在升压过程中，由于沿炉膛和烟道宽度的烟温、烟速偏差以及过热器管壁和蒸汽温度差都比较大，故对过热蒸汽温度应控制得较额定值为低（高压锅炉至少低 $30 \sim 60℃$），直到并汽为止，以免局部过热器管的壁温超过容许值。还应加强对汽温和过热器壁温的监视，并根据其变化进行相应的调节工作。

当锅炉汽压上升到接近工作压力时，应调整炉内燃烧，使汽压缓慢上升。如不校验安

全门，则准备进行并汽。

2.1.4 暖管与并汽

2.1.4.1 暖管

从锅炉到蒸汽母管或到汽轮机之间的主蒸汽管道，在未投用以前温度很低；同时管道较长，形状复杂，管子与其附件（阀门、法兰、螺栓等）间的厚度差别很大。因此，若不预先暖管，而突然将大量温度和压力都较高的蒸汽通入管内，将会使蒸汽管道和附件产生很大的热应力；而且，大量蒸汽凝结成水还会在管道中发生水冲击，使设备遭到损坏。所以，主蒸汽管道在投用之前，必须先进行暖管。

主蒸汽管的暖管工作，可以与锅炉的升压过程同时进行。

主蒸汽管的暖管方式有两种：一种是利用启动炉自身产生的蒸汽暖管；另一种是由蒸汽母管送汽暖管。其方法大致如下：

（1）用启动炉自身产生的蒸汽暖管：

1）当用隔绝门并汽时。在点火升压前，将锅炉主汽门打开并将隔绝门前的疏水门开启。锅炉点火后，随着汽压的升高，蒸汽进入主蒸汽管，管道逐渐得到加热，而流经蒸汽管的蒸汽及产生的凝结水通过疏水门排掉。这种暖管方式能节约蒸汽和减少热损失；同时由于它与锅炉的升压过程同时进行，故能保证锅炉及时供汽。

2）当用锅炉主汽门并汽时，此时主汽门应关闭。一般当锅炉的汽压升至 0.4 ~ 0.6MPa 时，缓慢开启主汽门的旁路门，进行加热管道和放出凝结水的工作。直到汽压升至 70% 工作压力左右时，关闭主汽门的旁路门，缓慢开启隔绝门的旁路门，再利用母管中的蒸汽进入反向暖管。待压力平衡后，即可全开隔绝门，关闭其旁路门。至此，启动炉与蒸汽母管之间，仅由锅炉主汽门隔开。

（2）由蒸汽母管送汽来暖管。用这种方式暖管时，锅炉的主汽门及其旁路均应关闭，而主蒸汽管上的疏水门应开启。锅炉升压后，缓慢开启隔绝门的旁路门，利用母管蒸汽进行暖管，待压力平衡时，逐渐关小疏水门，全开隔绝门，并关闭其旁路门。这种暖管方式由于未利用升火排汽将使疏水损失增加，因而采用较少。

暖管时，由于阀门或法兰的连接螺栓的温升较慢，而管子的温升又较阀门或法兰为快，若暖管速度太快，将使各部分之间的温差变大，产生较大的热应力，因此，暖管工作必须缓慢进行，温升速度不能太快。对于高压锅炉，暖管时的温升速度一般维持在每分钟 2 ~ 3℃。

暖管过程中应特别注意疏水，若凝结水不能及时排出，易造成小冲击，并且管子和附件会因上下部温度不一致而产生热应力，从而引起变形或损坏。

在暖管过程中，还应仔细倾听气流的声音是否平稳，并注意管道的膨胀和支吊架的情况是否正常。暖管中若发生管道振动、有较大的撞击声等异常情况，应立即停止暖管，并加强疏水，待故障消除后再进行暖管。

2.1.4.2 并汽

（1）并汽的条件主要包括：

1）并汽炉的汽压应略低于蒸汽母管的汽压（高压锅炉一般低0.2~0.3MPa）。如果并汽炉的压力高于蒸汽母管的压力，则当开启并汽门后，大量蒸汽流入蒸汽母管，使并汽炉的压力突然降低，引起炉水急剧蒸发，易造成蒸汽大量带水，使汽温急剧下降，将会威胁蒸汽母管或汽轮机的安全。同时，并汽炉突然带上很大的负荷，对锅炉设备是不利的。此外，还会引起其他运行炉的汽压升高。但并汽炉的汽压较蒸汽母管汽压低得太多也是不允许的，因为这样在并汽时，蒸汽母管的蒸汽就会倒流至并汽炉，引起母管汽压和其他运行炉的汽压下降。

2）汽温应保持比额定值低一些，其具体数值应视设备条件而定，以避免并汽后由于燃烧加强而使汽温超过额定值。但应注意不能太低，否则低温蒸汽进入母管时，将引起母管的蒸汽温度迅速降低，严重时还可能发生蒸汽带水现象。

3）并汽前汽包水位应保持得低一些，以免并汽时蒸汽带水。

4）并汽前应作好锅炉带负荷对一切准备工作，特别是要保证锅炉燃烧的稳定。所有未投用的喷燃器应处于能立即投入工作对状态。此外，蒸汽和炉水的品质必须合格，否则不得并汽。

（2）并汽操作及注意事项有：

1）并汽时先缓慢地开启主汽门（或隔绝门）的旁路门，当并汽炉的压力与蒸汽母管趋于平衡时，即可缓慢地开启主汽门（或隔绝门）直至完全开启，然后关闭其旁路门。至此锅炉已并入蒸汽母管。

2）并汽时如蒸汽管内发生水冲击现象，应立即停止并汽，减弱燃烧，加大排汽，加强疏水，并查明原因，待异常现象排除后再重新进行并汽。

3）并汽过程中，应严密监视汽温、汽压和水位的变化。并汽结束后，应关闭向空排汽门或停用点火管路系统，并关闭过热器和主蒸汽管的疏水门等。

4）锅炉并汽后，随着负荷逐渐增加，应逐步投用主喷燃器，并相应地增加引风量、送风量，同时调整给水量以维持水位的正常。若汽温高时，应及时投用减温器。

5）锅炉并汽后带负荷不能太快，负荷的增加速度应根据具体情况予以规定。

2.1.5　紧急启动

2.1.5.1　紧急启动的条件

在下列情况下，备用锅炉对启动应采用紧急启动：

（1）运行中对某台锅炉由于发生事故将被迫停止运行。

（2）外界负荷需要增加并要求发电厂在短时间内接带负荷。

锅炉汽紧急启动，就是要使处于备用状态的锅炉在最短的时间内投入运行，以满足生产的需要。

紧急启动时，启动前的检查与准备、点火、升压、暖管与并汽等各个阶段的操作内容，与正常启动时基本相同；其主要不同点是进行紧急启动时升压过程要缩短一些。例如某热电厂的 220t/h 高压锅炉在进行紧急启动时，升压过程一般只需要 2h 左右（0~0.2MPa，30min；0.2~1.0MPa，45min；1~9MPa，55min）。

2.1.5.2 缩短升压过程的措施

进行紧急启动时，可以从以下几个方面来缩短升压过程：

（1）在保证汽包壁温差不超过规定数值的情况下，加强燃烧，以提高各部温升速度和升压速度。

（2）加强水循环，主要通过加强水冷壁下联箱的放水来实现。可增加放水次数和延长每次放水时间。这样在较快地提高炉内温度的过程中，能尽量避免由于受热膨胀不均而损伤设备。

（3）在点火前，可以利用运行炉的热风来预热炉膛和各部受热面。

（4）锅炉在处于备用状态时就作好紧急启动的准备工作，例如经常换水使备用炉的水温不至于过低等。

2.1.5.3 注意事项

紧急启动中应注意以下问题：

（1）严禁用关小排汽的方法来加快升压速度。前已说明，锅炉启动时在低压阶段所需的时间比较长，有相当一部分时间消耗在低压时的缓慢加热上，使各部分均匀受热。减少排汽量虽然能加快升压速度，但升压过快时不能保证各部件受热均匀，由此将引起受热面金属，尤其是厚壁的汽包、联箱等，产生过大的热应力而变形或者损坏。同时，关小排汽会使过热器得不到充分冷却以致损坏。

（2）应特别注意监视汽包壁温差以及过热器管壁的温度偏差。当温差太大时，应调整燃烧，减慢升压速度或加强排汽。

（3）加强对各部件热膨胀情况的监视，若膨胀部件发生卡涩现象时，应停止升压，查明原因，待故障排除后再继续升压。

（4）若发生水位过高需进行放水时，最好通过水冷壁下联箱进行放水，这样有利于水冷壁的均匀受热。

课题 2.2 实 训

2.2.1 锅炉启动操作

循环流化床锅炉的启动操作。本教材实训主要基于广西轻工技师学院锅炉 DCS 仿真系统（75/h），75t/h 循环流化床锅炉 DCS 界面介绍如下。

2.2.1.1 锅炉 DCS 主菜单

锅炉 DCS 主菜单如图 2-30 所示。

2.2.1.2 锅炉就地菜单的切换

锅炉就地菜单的切换如图 2-31 和图 2-32 所示。

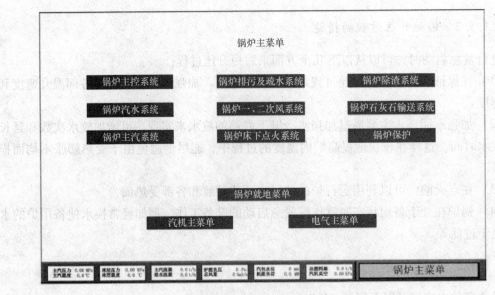

图 2-30 锅炉 DCS 主菜单

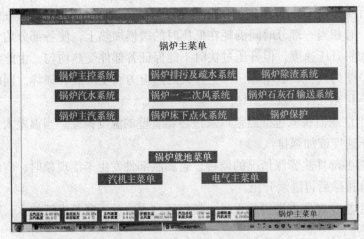

图 2-31 锅炉主菜单

图 2-32 锅炉就地菜单

锅炉的启动操作见表2-2。

表 2-2 锅炉的启动操作

序号	操作项目	操作图解	操作步骤	操作基准
1	引风机启动		（1）从主菜单进入"DCS_锅炉一、二次风系统"，打开引风机出口调节挡板； （2）点击引风机，在弹出的二级窗口中点击"启动"按钮，电流瞬间变大很快恢复正常（约30A）	（1）DCS电机反馈变为红色，且有电流显示； （2）现场引风机运行； （3）启动前，锅炉冷态试验已完成
2	引风量调整		调整入口调节门开度	风机入口调门调整后，炉膛负压控制稍大一些（－300～－400Pa）

序号	操作项目	操 作 图 解	操作步骤	操作基准
3	一次风机启动		（1）单击打开一次风机出口调节挡板	
			（2）调整左、右一次风调节门开度到40%左右	（1）DCS 电机反馈变为红色，且有电流显示；（2）现场一次风机运行；（3）锅炉床温 800℃ 且继续上升，流化风调节门开度到 100% 左右
			（3）调节左右分离器流化风调节门开度到 50% 左右	
			（4）单击一次风机，点击"启动"	风机电流瞬间增大后，很快恢复正常

序号	操作项目	操作图解	操作步骤	操作基准
4	一次风量调整		单击一次风入口调节门，点击"＋"加大开度，迅速调整至一次风量大于临界流化风量	临界风量 30000m³/h
5	炉膛负压调整		增大引风机入口调节门，调整炉膛负压	炉膛负压控制 −100～−200Pa
6	床下点火		进入"就地_锅炉床下点火系统"，打开#1油枪火检风手动门和#2油枪压缩空气手动门	DCS 油枪火检风门、手动门、调节门由绿色变为红色
			打开#1、#2油枪压缩空气手动门	
			打开#1、#2油枪供油门前后手动门	

序号	操作项目	操 作 图 解	操作步骤	操作基准
6	床下点火		打开#1、#2 油枪吹扫前后手动门	
			打开供油母管手动总门、回油母管手动总门	DCS 油枪火检风门、手动门、调节门由绿色变为红色
			打开#1、#2 油枪点火风门	

续表 2-2

序号	操作项目	操 作 图 解	操作步骤	操作基准
6	床下点火		#1、#2 油枪混合风门开度都调节到20%左右	
			检查点火油泵已启动，进入"DCS_锅炉床下点火系统"，打开供油电磁阀和回油电磁阀	DCS 油枪火检风门、手动门、调节门由绿色变为红色
			供油调节门开度调整到5%，回油调节门开度20%	

序号	操作项目	操 作 图 解	操作步骤	操作基准
6	床下点火		打开#1、#2 油枪供油电动门和#1、#2 油枪蒸汽吹扫电动门	DCS 油枪火检风门、手动门、调节门由绿色变为红色
			点击"#1 点火/停止"按钮，在弹出的二级窗口中点击"启动"按钮，用同样方法投入#2 油枪	油枪喷嘴处出现火焰，现场热烟气发生器望火孔可见火焰表示点火成功。 "#1 点火/停止"、"#2 点火/停止"变蓝色，电子打火枪退出运行。 保证燃烧良好，控制床温温升速率在 5℃/min 左右
			着火稳定后退出电子打火枪，点击"#1 点火/停止"按钮，在弹出的二级窗口中点击"停止"按钮，打火枪退出，同样方法退出#2 油枪。根据温升要求，调整进油门，燃烧、混合风门，加大流化风门开度，逐渐加大风量和燃油量	

序号	操作项目	操 作 图 解	操作步骤	操作基准
7	投煤前检查		切换至 DCS 主菜单,检查设备、各参数正常,待床温大于 450℃,准备投入给煤机运行	
8	投煤		进入"就地_锅炉主控系统",打开#1、#2 煤仓下煤插板	水位正常,炉膛负压 -100Pa 左右,点火油压、床温温升正常,现场检查无异常。着火时注意炉膛负压不能变正压
			开启#1、#2 送煤风门	
			开启#1、#2 播煤风门	

序号	操作项目	操 作 图 解	操作步骤	操作基准
8	投煤		开启#1、#2 给煤机密封风门	水位正常，炉膛负压 -100Pa 左右，点火油压、床温温升正常，现场检查无异常。 着火时注意炉膛负压不能变正压
			进入"DCS_锅炉主控系统"，点击"#1 给煤机变频调节"按钮，在弹出的二级面板中，将#1 给煤机的转速设定为"0"。点击#1 给煤机，在弹出的二级面板中，点击"启动"按钮，启动#1 给煤机	
			检查空载电流正常后，在#1 给煤机变频调节面板中将#1 给煤机的转速设定为"2"，保证初始给煤量为 0.2t/h。按同样方法投入 #2给煤机	

序号	操作项目	操 作 图 解	操作步骤	操作基准
8	投煤	355.6℃ 355.6℃ 355.6℃ 355.6℃ 355.6℃ 355.6℃ 3.92KPa 3.92KPa 6.40KPa 484.5℃ 自汽包 19.13% 19.13% 至汽包 省煤器 3/h	投煤后，观察炉膛和床温的变化，注意氧量是否下降，否则判断煤没有着火，则立即停止给煤机运行或将给煤机的转速设定为"0"，等待升温	水位正常，炉膛负压 -100Pa 左右，点火油压、床温温升正常，现场检查无异常。 着火时注意炉膛负压不能变正压
9	关闭空气门	910.1℃ 910.1℃ 910.1℃ 910.1℃ 910.1℃ 910.1℃ 7.11KPa 7.11KPa	调整给煤量和风量，保证升温速度和炉膛负压	
			用 F 型扳手，关闭炉顶各空气门	（1）汽包压力 0.1～0.2MPa； （2）所有空气门全关

序号	操作项目	操 作 图 解	操作步骤	操作基准
10	底部放水		用 F 型扳手依次对下部各联箱进行定排	（1）汽包压力升至 0.3～0.4MPa； （2）禁止两个及以上的排污门同时进行排污； （3）每个定排的时间不超过 30s
11	连排投用		用 F 型扳手全开连排手动阀门，进入"DCS_锅炉汽水系统"，点击开启左右侧连排调节阀	（1）锅炉 DCS 就地画面连续排污电动阀开启后变红色； （2）连续排污扩容器可见蒸汽； （3）根据水质化验结果控制连排电动门开度，排污水流量一般为 2t/h 以内； （4）汽包压力升至 0.3～0.4MPa
12	取样冷却器投入		用 F 型扳手开启取样冷却器冷却水，开启各取样阀门	（1）汽包压力升至 0.3～0.4MPa； （2）先开冷却水，后开取样阀

序号	操作项目	操作图解	操作步骤	操作基准
13	加药投入		进入"DCS_锅炉汽水系统",点击加药电动门,在弹出的二级窗口中,点击"开启",打开加药门	
14	过热器疏水门关闭		现场关闭疏水阀,保留主汽二次门前疏水阀	(1)汽包压力达到0.3MPa; (2)无汽流声
15	点火油枪退出		进入"DCS_床下点火系统",关闭#1、#2油枪供油电动门,确认油枪出口处的火焰消失,蒸汽吹扫5min后,关闭蒸汽吹扫电动门	(1)当床温升至700℃,并继续往上升时; (2)油枪出口处的火焰消失; (3)停止点火油系统

序号	操作项目	操 作 图 解	操作步骤	操作基准
16	二次风机启动	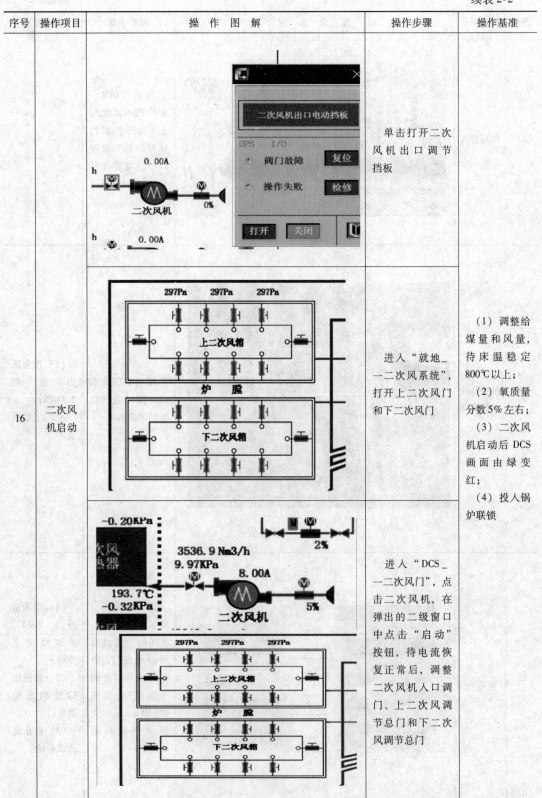	单击打开二次风机出口调节挡板	
			进入"就地_一二次风系统",打开上二次风门和下二次风门	(1)调整给煤量和风量,待床温稳定800℃以上; (2)氧质量分数5%左右; (3)二次风机启动后DCS画面由绿变红; (4)投入锅炉联锁
			进入"DCS_一二次风门",点击二次风机,在弹出的二级窗口中点击"启动"按钮,待电流恢复正常后,调整二次风机入口调门、上二次风调节总门和下二次风调节总门	

序号	操作项目	操作图解	操作步骤	操作基准
17	并汽操作	主蒸汽二次门	（1）电话通知调度和汽机岗位准备并汽； （2）稍开主汽二次门； （3）听见气流声，待流量稳定，加大二次门开度； （4）稳定后全开二次门，回转半圈	（1）调节水位稍低于中水位线（15mm）； （2）燃烧稳定； （3）蒸汽品质合格； （4）汽压汽温达到并汽要求； （5）并汽时从锅炉 DCS 画面可见蒸汽流量
18	关闭疏水门	主二门疏水门　主二门疏水门	现场使用 F 型扳手全关并汽门前疏水次门	并汽结束
19	给水切换	主给水	给水切换为主给水	（1）检查再循环关闭； （2）给水自动投入
20	关闭升火排汽门		DCS 点击向空排汽一二次门"关"按钮（缓慢关闭）	（1）DCS 显示阀门反馈为绿色； （2）控制母管压力

2.2.2 风机操作

风机操作见表2-3。

表2-3 风机操作

序号	操作项目	操作图解	操作步骤	操作基准
1	风机蜗壳检查	 蜗壳	（1）目测风机蜗壳； （2）检查连接螺栓； （3）必要时打开检查孔检查内部情况	（1）外观完好，无破损、开裂； （2）检查孔应严密关闭
2	风机地脚螺栓检查	 地脚螺栓 地脚螺栓 地脚螺栓	（1）现场目测； （2）手摇地脚螺栓	螺栓牢固可靠，无松动
3	风门挡板检查	 调节挡板外 传动连杆	（1）现场目测； （2）就地手操作开关调节挡板； （3）与控制室联系，核对现场与DCS开度	（1）调整挡板完整，开关灵活； （2）传动连杆连接牢固； （3）开关位置指示正确

续表 2-3

序号	操作项目	操作图解	操作步骤	操作基准
4	轴承座检查	防护罩　温度计　油镜　联轴器	（1）现场目测油镜等； （2）用测温仪核对； （3）停机状态下手动盘车	（1）轴承温度计齐全，温度正常； （2）油质良好，油位正常； （3）冷却水畅通，水量充足； （4）手动盘车转动灵活； （5）防护罩完整； （6）地脚螺栓牢固
5	电机检查	接线盒　地脚螺栓　前轴承	（1）目视接线盒； （2）目测地脚螺栓； （3）测温仪测温； （4）目测事故按钮	（1）地线接线整齐，接地线与地面连接牢固； （2）地脚螺栓牢固； （3）测温正常； （4）事故按钮在弹出位置； （5）事故按钮保护罩完好
6	引风机启停	单击引风机　点击停止　点击启动	（1）从主菜单进入"DCS_锅炉一、二次风系统"，打开引风机出口调节挡板； （2）点击引风机，在弹出的二级窗口中点击"启动"按钮，电流瞬间变大，很快恢复正常（约30A）； （3）点击引风机"停止"按钮； （4）关闭风门挡板	（1）现场引风机启动； （2）DCS电机反馈变为红色，且有电流显示； （3）风机调门稍开，炉膛负压出现变化； （4）停止后现场引风机停止，DCS电机反馈变为绿色，且电流回零，风机出口调门挡板关闭

序号	操作项目	操作图解	操作步骤	操作基准
7	一（二）次风机启停		按引风机启停方法进行操作	同引风机启停

2.2.3　锅炉上水操作

锅炉上水操作见表 2-4。

表 2-4　锅炉上水操作

序号	操作项目	操作图解	操作步骤	操作基准
1	给水水质分析		（1）目视接线盒； （2）目测地脚螺栓； （3）测温仪测温； （4）目测事故按钮	（1）给水为除氧水； （2）水质化验合格； （3）给水温度 20～70℃； （4）进水温度与汽包壁温差值小于 50℃

续表 2-4

序号	操作项目	操作图解	操作步骤	操作基准
2	汽水系统检查		（1）检查锅炉汽水系统；（2）将阀门置于点火前开关位置	（1）打开空气门；（2）打开升火排汽门；（3）打开所有疏水门；（4）关闭所有放水阀；（5）关闭定期排污门，关闭连排调节门，开启连排手动门；（6）所有仪表（计）处于使用状态；（7）给水系统主蒸汽系统及其他阀门开关状态见规程
3	锅炉上水		（1）进入"DCS_锅炉汽水系统"，检查省煤器再循环门在关状态；（2）进入"DCS_汽机除氧给水系统"，检查水位正常，打开给水泵入口手动门，打开#1给水泵再循环电动门，启动给水泵，打开给水泵出口门，调整给水压力；（3）进入"DCS_锅炉汽水系统"，用给水旁路调节门控制上水速度	（1）DCS上阀门为绿色；（2）现场阀门关闭；（3）除氧箱水位正常；（4）开启后DCS上阀门和给水泵由绿色变红色；（5）现场阀门开启，给水泵运行；（6）给水流量根据水位情况进行控制

序号	操作项目	操 作 图 解	操作步骤	操作基准
4	上水时间控制		控制给水流量	（1）开始上水至点火水位，夏季不小于 2h，冬季不小于 4h； （2）阀门开度数值变化
5	水位控制		关闭给水旁路调节门	（1）汽包水位升至 −100mm； （2）观察水位无明显降低
6	开启再循环门		打开省煤器再循环门	再循环门由绿色变红色

模块 3   锅 炉 停 炉

课题 3.1   母管制锅炉的停炉

3.1.1   正常停炉的一般步骤

对于母管制锅炉，停炉的一般步骤大致可分为停炉前的准备、减负荷、停止燃烧和停炉冷却等几个阶段。循环流化床及蔗渣炉停炉具体操作见实训项目和附录。

3.1.1.1   停炉前的主要准备工作

（1）对于停炉检修或作为冷备用锅炉，在停炉前应停止向原煤斗上煤。一般要求将原煤斗中的煤用完。

（2）停炉前应做好投入点火油喷燃器的准备工作，以使在停炉减负荷的过程中用来防止炉膛灭火。

（3）停炉前应检查启动旁路系统的情况，并做好有关准备工作。

（4）停炉前应对锅炉受热面进行全面吹灰，以保持各部受热面在停炉后处于清洁状态。

（5）停炉前应对锅炉进行一次全面检查，若发现设备有缺陷，现场标记并记入设备缺陷记录本内，以便在停炉后予以消除。

3.1.1.2   锅炉减负荷和停止燃烧

缓慢而均匀地降低负荷，相应地减少给粉量和送风量、引风量，并根据减负荷的情况逐渐停用给粉机和相应的喷燃器。同时注意与运行炉的联系配合，以保持汽压汽温的稳定。

对于中间储仓式球磨机制粉系统，考虑到检修工作的需要和防止煤粉长期积聚而可能发生自燃或爆炸，应根据煤粉仓粉位的高低提前停止制粉系统的运行，以便有计划地将煤粉仓中的煤粉用完。

对于直吹式制粉系统，则应先减少各组制粉系统的给粉量，然后停用各组制粉系统。在减少给煤量的同时，应减少磨煤通风量和送风量、引风量。

锅炉在减负荷、停用制粉系统及喷燃器时，应做好磨煤机、给粉机和一次风管内存粉的清扫工作。对于停用的喷燃器，应通入少量冷却风，以保持喷燃器不致被烧坏。

当锅炉负荷降低到一定程度（例如30%额定负荷）后，为了保持燃烧的稳定，应投用油点火喷燃器。

当锅炉负荷降到零时，停止向燃烧室供应燃料，灭火，然后停止送风机。为了排除燃烧室和烟道内可能残存的可燃物，送风机停止运行后，过 5～10min 再停止引风机。

在锅炉负荷逐渐降低的同时，相应地减少给水量，保持锅炉水位的正常。此时，应注意给水自动调节器的工作情况；如给水自动调节器不好用时，应切换为手动调节给水，并可改用给水旁路进水。

对于回转式空气顶热器，为了防止转子因冷却不均匀而变形和发生二次燃烧，在炉膛熄火，送风机和引风机停转后，预热器应继续运转一段时间，待尾部烟温低于规定值后再停止运行。

燃油炉的减负荷工作比较简单。按照要求减负荷速度，将油喷嘴逐只停用，关闭相应的风门。同时逐渐减少送风量和引风量。在停用油喷嘴时，应开启相应的蒸汽冲洗阀门。对油管和油喷嘴进行吹扫，然后把油枪退出或拆除。当燃烧完全停止时，与煤粉炉一样，先停送风机，待 5～10min 后再停引风机。应继续监视尾部的烟温，以防止锅炉尾部烟道发生二次燃烧。

为了保持供油总管的畅通，待所有油嘴停用后，应隔离油源，开启的蒸汽冲洗阀和回油阀，用蒸汽对该炉的环形供油总管进行冲洗和清扫。在停止炉内燃烧，并根据蒸汽流量表或蒸汽压力表的指示说明锅炉已停止供汽时，应立即关闭锅炉主汽门和隔绝门，以免蒸汽从母管倒入锅炉。同时，开启过热器出口疏水门或向空排汽门，以冷却过热器。此时，给水可继续少量补给，直到水位升到较高的允许水位为止。停止进水后，开启省煤器的再循环门，以保护省煤器。

锅炉与母管系统隔绝后，应加强对汽压与水位的监视。由于炉内积蓄有热量，可能会使汽压升高。为此，可加强过热器的疏水或排汽，也可向锅炉上水和放水。

3.1.1.3　降压和冷却

锅炉停止燃烧后，即进入降压和冷却阶段。在这一阶段中，总的要求是要保证设备安全，控制好降压和冷却的速度，防止因冷却过快而产生过大的热应力，特别要注意不使汽包壁温差过大。

自锅炉停止供汽开始，在最初 4～8h 内，应关闭锅炉各处门、孔和挡板，以免锅炉急剧冷却。此后，可逐渐打开烟道挡板和炉膛各门、孔，进行自然通风冷却。同时进行炉放水和上水一次，以使锅炉各部冷却均匀。

停炉 8～10h 后，可再进行放水和上水。此后，如有必要使锅炉加快冷却，可启动风机进行通风冷却，并适当增加放水和进水次数。

在锅炉尚有汽压或辅机电源未切断以前，仍应对锅炉加强监视和检查。

若需把炉水放干时，为防止急剧冷却，应待锅炉汽压降到零、炉水温度降至 70～80℃以下时，方可开启所有空气门和放水门将锅炉水全部放出。

3.1.2　汽包锅炉的冷却特点

当停止供应燃料、燃烧室熄火、锅炉停止运行以后，储存在锅炉机组内部（在工质、金属和炉墙中）的热量，逐渐消耗在下列几方面而使锅炉机组逐步冷却下来：

（1）经锅炉外表面以辐射和对流方式散失到周围介质中。

（2）在锅炉冷却初期，冷却过热器用的排汽带走的热量。

（3）锅炉上水和水冷壁下部联箱的放水。

（4）进入燃烧室和烟道的冷空气对受热面和炉墙的冷却作用。

实践证明，受热面与冷空气之间的对流热交换是使锅炉冷却的主要原因之一。当机械通风停止以后，即使将锅炉烟道挡板关闭，但由于存在着不可避免的缝隙，冷空气仍然可以借自然通风作用而漏入锅炉。因此，在停炉冷却的初期必须严密关闭烟道挡板和所有的人孔门、检查门、看火门和除灰门等，防止冷空气大量漏入炉内而使锅炉急剧冷却。

在停炉冷却的过程中，锅炉汽包温度工况的特点是：壁温长时间地保持在炉水的饱和温度。由于汽包向周围介质的散热很小，所以停炉过程中汽包的冷却主要是依靠水的循环。由于蒸汽对汽包壁凝结放热的放热量大于水对汽包壁的放热量，所以与蒸汽接触的汽包上半部长时间地保存着较多的热量，冷却得很慢，因而造成了汽包上下部温度的不均匀性。与锅炉启动时一样，汽包上部壁温将高于下部壁温。在正常情况下，温差一般在 50℃ 以下，但如果冷却过快，则温差会达到很大的数值，从而引起汽包产生过大的热应力。因此，对于汽包壁较厚的锅炉，与启动过程中一样，在停炉过程中也必须严格监视和控制汽包上下壁温差，使之不超过规定的数值。

停炉一定时间后，在锅炉正常自然循环将会停止。但是，由于上升管（水壁管）和下降管中水的重度不同，而这时水冷壁内的水比位于通风区域以外包有保温层的下降管内的水冷却得快，因此在回路内可能产生微弱的反向循环。

循环回路内水的流动情况与锅炉结构、上升管的引入方式（引入汽包水面之下或引入汽空间）等因素有关。例如当上升管引入汽包水面之下时，炉水将从汽包进入水冷壁管内，并逐渐冷却而向下流动，产生反向循环，因此水冷壁管的上部要比下部温度为高；当上升管引入汽包蒸汽空间或引入分离小汽包时，则随着水冷壁管中水的冷却而在管内逐渐充入蒸汽，蒸汽在管内凝结，将水逐渐挤入冷却较慢的下降管；也就是说，这时也会间断地产生十分微弱的反向循环。

在停炉的冷却过程中，过热器由于受到通风冷却，从汽包进入的蒸汽便会在过热器蛇形管内凝结成水。当蒸汽中有二氧化碳存在时，将会引起过热器管子腐蚀。

当通过放水和上水来冷却锅炉时，由于进入汽包的水温较低，使汽压下降和锅炉的冷却加快，因此补入给水对锅炉的冷却有重大的影响。所以在停炉冷却的过程中不可随意增加换水的次数，更不可大量地放水和进水而使锅炉受到急剧的冷却。

课题 3.2　实　　　训

3.2.1　锅炉停炉操作

锅炉停炉操作见表 3-1。

表 3-1　锅炉停炉操作

序号	操作项目	操 作 图 解	操作步骤	操作基准
1	接调度令停炉		班长通知各岗位	各岗位人员接到相关指令
2	停炉前检查	锅炉主控就地系统	对锅炉进行全面检查,包括DCS和现场(就地)检查	(1)发现运行缺陷在现场做好标记;(2)把设备缺陷记录在设备维护记录及交接表记录本上
3	锅炉减负荷		(1)进入锅炉DCS系统降低给煤机转速;(2)减少二次风量;(3)适当减少一次风量;(4)减少引风量;(5)增加排渣量;(6)给水切换为手动;(7)减温水关小直至关闭	(1)根据用汽情况调整;(2)一次风量不能低于本炉最低流化风量(约30000m³/h);(3)总风量控制由烟气氧含量确定;(4)根据炉膛负压调整引风量;(5)床温不得低于750℃;(6)维持水位正常;(7)维持蒸汽温度正常

序号	操作项目	操 作 图 解	操作步骤	操作基准
4	监视汽包温差	汽包壁上部　汽包壁下部	（1）降负荷过程中，监视汽包上下壁温差； （2）通过燃料调节，控制汽压降低的速度，从而控制汽包壁上下温差； （3）现场用红外测温仪监测	（1）汽包上下温差不超过50℃； （2）降压速度为 0.2 ~ 0.3MPa/min
5	升火排汽门开启	升火排汽门　升火排汽门	开启升火排汽门	（1）用汽量较少时； （2）DCS 显示阀门反馈为红色
6	切断燃料	退出变频　关闭煤闸板　退出变频 0t/h　0t/h 70%　0.00A　0.00A　70% 转速为0　关闭煤闸板　转速为0	（1）给煤转速降低到0； （2）退出给煤机变频； （3）关闭煤闸板	（1）DCS 显示给煤机变绿色； （2）现场给煤机停止给煤； （3）DCS 显示给煤机电流为0； （4）DCS 显示给煤量为0

3.2.2　停炉冷却操作

停炉冷却操作见表3-2。

表 3-2　停炉冷却操作

序号	操作项目	操 作 图 解	操作步骤	操作基准
1	锅炉解列	关闭主蒸汽二次门	关闭主蒸汽二次门	主蒸汽流量为0t/h
2	锅炉疏水	开启疏水门　开启疏水门	用 F 型扳手到过热器疏水处开疏水	（1）根据压力调整开度；（2）过热蒸汽排汽门
3	停止风机	二次风机　关闭二次风机　0.00A　0KPa　一次风机　关闭一次风机　0.0℃　0.0℃　0%　00KPa　引风机　关闭引风机　引风机　电机故障　复位　操作失败　检修　启动　停止	（1）进入"DCS_锅炉一、二次风系统"，关闭二次风机，关闭进出口风门；（2）关闭一次风机，关闭进出口风门；（3）关闭引风机，关闭进出口风门	（1）现场风机停机；（2）DCS电机反馈变为绿色，且电流显示为0；（3）二次风机先停，床温低于400℃后，停止一次风机，5min后停引风机

序号	操作项目	操 作 图 解	操作步骤	操作基准
4	关闭升火排汽门	关闭升火排汽门　关闭升火排汽门	现场关闭升火排汽门	（1）DCS 显示阀门反馈为绿色； （2）主蒸汽温度降低
5	关闭给水	0.00 t/h　0.00MPa　0.0℃　关闭给水　0.0 Nm3/h	进入锅炉 DCS 主控系统，关闭给水调节门	（1）主给水调节门由红色变为绿色； （2）给水流量为 0； （3）汽包水位升至最高可见水位
6	开启再循环门	汽 包　0.00MPa　0.0℃　省煤器　开启　省煤器再循环	在锅炉 DCS 主控系统打开省煤器再循环门	DCS 主控系统显示再循环门由绿色变红色
7	关闭疏水门	关闭疏水门　关闭疏水门	用 F 型扳手关闭各过热器疏水门	主蒸汽温度不再升高

序号	操作项目	操 作 图 解	操作步骤	操作基准
8	自然冷却		（1）如汽包水位降低，可补充给水； （2）按要求关闭或开启烟道挡板和炉膛各门、孔，进行自然通风冷却	（1）停炉4~8h内严密关闭锅炉各处门、孔和挡板； （2）防止锅炉急剧冷却； （3）4~8h后，稍开各挡板自然通风冷却，使锅炉各部冷却均匀
9	锅炉换水		（1）逐渐打开烟道挡板和炉膛各门、孔，进行自然通风冷却； （2）锅炉换水一次； （3）换水操作：操作定期排污门放水，待水位降低后，再开给水门上水至满水位	（1）维持锅炉满水状态； （2）防止锅炉急剧冷却； （3）放水时，汽包水位降低； （4）上水时DCS显示给水流量，汽包水位上升； （5）停止上水后给水流量显示为0

序号	操作项目	操作图解	操作步骤	操作基准
10	强化冷却		（1）放水、上水一次； （2）如需强化冷却时，可启动引风机和一次风机； （3）如需强化冷却可适当增加换水次数	（1）8～10h后，可再进行放水和进水； （2）汽包上、下壁温差不大于50℃； （3）强化冷却炉内温度降至60℃以下可停风机； （4）停风机后锅炉DCS风机电机反馈绿色且无电流，风量显示为0
11	锅炉放水		（1）打开汽包空气门； （2）打开定期排污门和锅炉底部放水门； （3）关闭各汽水系统阀门	（1）当锅炉汽压降至0.2MPa以下时； （2）炉水温度低于70℃（可按规程要求），方可放水； （3）利用余热蒸发高、低过热器内水分，关闭各汽水系统及管道阀门； （4）汽压未降到零或电动机电源未切断时，不允许放弃对锅炉的监视

序号	操作项目	操 作 图 解	操作步骤	操作基准
12	检修前准备	返料器放灰　排炉渣	（1）停电除尘器； （2）排炉渣； （3）返料器放灰； （4）炉内清灰	（1）引风机不再启动时，电除尘停止工作； （2）冷渣器内的渣运完后，停运冷渣器； （3）停炉检修时排空床料

3.2.3　锅炉停炉保养操作

3.2.3.1　锅炉冲氮保护

锅炉冲氮保护操作见表 3-3。

表 3-3　锅炉冲氮保护操作

序号	项目内容	操 作 图 片	操作说明	操作基准
1	充氮气		就地开启冲氮阀门向锅炉内充氮气	（1）汽包压力降至 0.3MPa 时； （2）氮压保持在 0.3～0.5MPa； （3）纯度大于 98%
2	排炉水		现场开启疏水门、放水门	（1）各疏水门及放水门打开； （2）炉水排放干净

序号	项目内容	操 作 图 片	操作说明	操作基准
3	检查		全面检查锅炉汽水系统阀门	（1）关闭各空气阀、疏放水阀、排污阀、给水、主汽管道及其疏水阀等；（2）整个充氮系统严密
4	压力要求		监视汽包内氮气压力	压力大于0.03MPa（表压）

3.2.3.2 热炉放水烘干保养法

锅炉停用时，进行承压部件检修或停用时间在一周内可采用热炉放水烘干保养方法，具体操作见表3-4。

表 3-4 热炉放水烘干保养法

序号	项目内容	操 作 图 片	操作说明	操作基准
1	关闭风烟挡板		关各风烟挡板和炉门	（1）所有风机停运；（2）各风烟挡板和炉门关闭开度为零
2	放水		现场开启锅炉疏水门、放水门	（1）汽包压力0.5~0.8MPa；（2）疏水门和放水门开启，尽快放尽锅内存水

序号	项目内容	操 作 图 片	操作说明	操作基准
3	开空气门		就地开本体空气门	（1）汽包压力降至 0.1～0.2MPa； （2）全开本体空气门
4	启动风机		DCS 启动引风机、高压风机及一次风机、二次风机	（1）锅内水已基本放尽； （2）床温已降至 120℃时
5	投燃烧器热风烘干		（1）投入两只启动燃烧器； （2）用热风连续烘干，封闭锅炉	（1）维持流化风温度 220～330℃； （2）连续烘干 10～12h 后停止
6	关闭各本体空气门		现场关闭各空气门、疏放水门	（1）省煤器出口烟温降至 120℃以下； （2）所有空气门关闭

序号	项目内容	操 作 图 片	操作说明	操作基准
7	关闭疏放水门		现场关闭各空气门、疏放水门	所有疏水门关闭
8	湿度要求		烘干保养过程中，保证锅内空气相对湿度	相对湿度小于70%或等于环境相对湿度

3.2.3.3 锅炉充压防腐法

若停用时间在2～3天以内，可采用充压方法，具体操作见表3-5。

表 3-5 锅炉充压防腐法

序号	项目内容	操 作 图 片	操作说明	操作基准
1	停炉降压		停炉后自然降压	（1）降压速度为0.1～0.2MPa/min；（2）连排可暂不解列
2	水质分析、关连排		联系化学化验水质，若水质不合格应进行换水，待炉水合格后，关闭定排一、二次门及总门，解列连排	（1）锅炉压力降至5.8MPa；（2）锅炉压力在0.5MPa以前，炉水必须合格

续表 3-5

序号	项目内容	操作图片	操作说明	操作基准
3	上水充压		向炉内上水进行充压	(1) 锅炉压力 0.5MPa 以上； (2) 过热器管壁温度 200℃以下
4	保持压力		通过上水保持锅炉压力	(1) 一般保持在 2.0～3.0MPa； (2) 最高不超过 5.8MPa； (3) 最低不低于 0.5MPa
5	压力降至 0.5MPa 以下		因某种原因压力降至 0.5MPa 以下（压力到零）时，必须重新点火升压至 4.0MPa	升压至 4.0MPa 后按上述规定重新充压
6	化验溶解氧		通知化学化验溶解氧	(1) 充压后做好记录； (2) 化验合格

模块 4　锅炉运行参数调节

课题 4.1　锅炉运行概述

确保锅炉的安全经济运行，对企业发展、保障人民生命财产的安全具有重要的意义。对自备电站锅炉运行的要求是首先要保质保量地安全供汽，同时要求锅炉设备在安全的条件下经济运行。

本课题主要讲述如何正确掌握运行操作技术及在运行中应注意的问题。锅炉运行一般包括正常运行中对汽压、汽温、水位、燃烧等的调节、设备维护等工作。

为了确保锅炉的安全经济运行，使用锅炉的单位都应根据《蒸汽锅炉安全技术监察规程》以及国家有关法律（《中华人民共和国特种设备安全法》）、法规、规程、行业技术标准等并结合企业具体情况，制订详细的操作规程加以实施。这些操作规程对某一种燃烧方式和锅炉本体结构的锅炉都大同小异，在此不叙述具体细小的操作，只介绍共同性的原则问题。循环流化床运行的特殊性在本教材中也不再详述。

锅炉机组运行的好坏在很大程度上决定了整个厂运行的安全性和经济性。锅炉机组的运行，必须与外界负荷相适应。由于外界负荷是经常变动的，因此锅炉机组的运行，实际上只能维持相对的稳定。当外界负荷变动时，必须对锅炉机组进行一系列的调整操作，供给锅炉机组的燃料量、空气量、给水量等作相应的改变，使锅炉的蒸发量与外界负荷相适应。否则，锅炉运行参数（汽压、汽温、水位等）都不能保持在规定的范围内；严重时，将对锅炉机组和整个厂的安全与经济运行产生重大影响，甚至给人身安全和国家财产带来严重的危害。同时，即使在外界负荷稳定的情况下，锅炉机组内部某一因素的改变，也会引起锅炉运行参数的变化，因而也同样要对锅炉机组进行必要的调整操作。所以，为使锅炉设备达到安全和经济的运行，就必须经常地监视其运行情况，并及时地、正确地进行适当的调节工作。

对锅炉机组运行总的要求是既要安全又要经济。在运行中对锅炉进行监视和调节的主要任务是：

（1）使锅炉的蒸发量适应外界负荷的需要。

（2）均衡给水并维持正常水位。

（3）保持正常的汽压与汽温。

（4）保持炉水和蒸汽的品质合格。

（5）维持经济的燃烧，尽量减少热损失，提高锅炉机组的效率。

（6）确保锅炉污染物达标排放。

为了完成上述任务，锅炉运行人员要有高度的责任感，努力学习业务，精通锅炉设备的构造和工作原理，熟悉设备的特性，充分了解各种因素对锅炉运行的影响，熟练地掌握操作技能，重视和严格遵守操作规程及有关制度，并不断总结经验，掌握锅炉机组安全经济运行的调节操作方法。

课题 4.2　蒸汽压力调节

4.2.1　汽压波动的影响

4.2.1.1　汽压过高、过低的影响

蒸汽压力是锅炉运行中必须监视和控制的主要参数之一。

汽压波动对于安全运行和经济运行两方面都有影响。汽压过高如导致超压事故，严重时可能发生爆炸事故，对设备和人身安全都会带来严重的危害。另一方面，即使安全门工作正常，汽压过高时由于机械应力过大，也将危害锅炉设备各承压部件的长期安全性。当安全门动作时，排出大量高压蒸汽，还会造成经济上的损失。并且安全门经常动作，由于磨损或污物沉积在阀座上，容易发生回座时关闭不严、以致造成经常性的漏气损失，有时也需停炉进行检修。如果汽压低于额定值，则会降低运行的经济性。这主要是由于汽压降低将减少蒸汽在汽轮机中做功的焓降，蒸汽做功的能力降低，因而使汽耗增大，煤耗也增大。若汽压降低过多，以致不能保持汽轮机的额定负荷，甚至影响发电厂的负荷，也就可能使电厂少发电或少供热。某些资料表明：当汽压较额定值降低 5% 时，则汽轮机的蒸汽消耗量将增加 1%。另外，汽压过低对汽轮机的安全运行也有影响，例如可能发生水冲击事故，使汽轮机的轴向推力增加，容易发生推力瓦烧毁等事故。

4.2.1.2　汽压变化速度的影响

（1）汽压变化速度对锅炉安全的影响主要有以下两点：

1）汽压的突然变化，例如由于负荷突然增加使汽压突然降低时，很可能引起蒸汽大量带水，导致蒸汽品质恶化和过热汽温降低（但若由于燃烧恶化引起汽压降低时，则不一定发生蒸汽带水）。

2）运行中当锅炉负荷变动时，如不及时地、正确地进行调节，造成汽压经常反复地快速变化，致使锅炉受热面金属经常处于交变应力的作用，再加上其他因素，例如温度应力的影响，最终将可能导致受热面金属发生疲劳损坏。

（2）影响汽压变化速度的因素。当负荷变化引起汽压变化时，汽压变化的速度说明了锅炉保持或恢复规定汽压的能力。汽压变化的速度主要与负荷变化速度、锅炉的储热能力以及燃烧设备的惯性有关。此外，汽压变化时，若运行人员能及时地进行调节，则汽压将较快地恢复到规定值。

1）负荷变化速度。负荷变化速度对汽压变化速度的影响是显而易见的。负荷变化速度越快，引起汽压变化的速度也越快。反之，汽压变化速度越慢。

2）锅炉的储热能力。所谓锅炉的储热能力，是指当外界负荷变动而燃烧工况不变时，锅炉能够放出或吸收的热量的多少。锅炉的储热能力越大，汽压变化的速度越慢；储热能力越小，汽压变化的速度越快。

当外界负荷变动时，锅炉内工质和金属的温度、含热量等都要发生变化。例如当负荷增加使汽压下降时，则饱和温度降低，炉水的液体热（1kg 水从 0℃加热到饱和温度所需要的热量）也相应减少，此时炉水（以及受热面金属）内包含的热量有余（因为将炉水加热至较低的饱和温度即可变成蒸汽），这储存在炉水和金属中的多余的热量将使一部分炉水自身汽化变成蒸汽，称为附加蒸发量。附加蒸发量能起到减慢汽压下降的作用。当然，由于附加蒸发量的数量有限，要靠它来完全阻止汽压下降是不可能的。

附加蒸发量越大，说明锅炉的储热能力越大，则汽压下降的速度就越慢，反之，则汽压下降的速度就越快。

在实际运行中。当外界负荷变动，例如负荷增加时，锅炉的蒸发量（出力）由于燃烧调节有滞后（即燃烧设备有惯性），跟不上外界负荷的需要，因而必然引起汽压下降。这时（即在燃烧工况还来不及改变以前），锅炉就只能依靠储存在工质和金属中的热量来产生附加蒸发量，以力图适应外界负荷的要求。因此，锅炉的储热能力也可理解为：当运行工况变动时，锅炉在一定的时间自行保持出力的能力。

由上可知，在运行中，当燃烧工况不变时，锅炉压力的变化会引起工质和金属对热量的储存或释放。当负荷减少使压力升高时，由于饱和温度升高，工质和金属将吸收的热量储存起来；而当负荷增加使压力降低时，工质和金属则将储存的热量释放出来，从而产生附加蒸发量。

根据热工学知识可知，当蒸汽压力越高时，液体热的变化越小。就是说在这种情况下，当压力变化时，工质和金属能储存或释放的热量越小。因此，高压锅炉的储热能力较小。所以，从储热能力大小这个角度来讲，当负荷变化时，高压锅炉对汽压的变化比较敏感，其变化的速度也较快。

锅炉的储热包含在工质、受热面金属以及炉墙中。但现在对于炉墙的储热量可以忽略不计，因为现代锅炉都采用轻型炉墙，燃烧室的炉墙（整个锅炉炉墙的主要部分）又处于被膜式水冷壁遮盖的状态，故储热量不大；同时，炉墙的吸热与放热比较迟缓，和现在所研究的相当快的复合变动相比已失去意义。所以，锅炉的储热量可以认为是工质和受热面金属的储热量的总和。

显然，锅炉的储热能力与锅炉的水容积和受热面金属量的大小有关。水容积和受热面金属量越大，则储热能力越大。由此可知，汽包锅炉由于具有厚壁的汽包及较大的水容积，因而其储热能力较大。汽包锅炉的储热量大约为同容量直流锅炉的 2~3 倍。

储热能力对锅炉运行的影响有好的一面，也有不好的一面。例如汽包锅炉的储热能力大，则当外界负荷变动时，锅炉自行保持出力的能力就大，引起参数变化的速度就慢，这有利于锅炉的运行；但另一方面，需要人为改变锅炉出力时，则由于储热能力大，使出力和参数的反应较为迟钝，因而不能迅速跟上工况变动的要求。

3）燃烧设备的惯性。燃烧设备的惯性是指燃料量从开始变化到炉内建立起新的热负荷所需要的时间。燃烧设备的惯性大，当负荷变化时，恢复汽压的速度较慢。反之，则汽压恢复速度较快。

燃烧设备的惯性与燃料种类和制粉系统的形式有关。由于油的着火、燃烧比较迅速。因而烧煤时比烧油时的惯性要大；直吹式制粉系统的惯性比中间储仓式制粉系统的惯性大，因为前者从加大给煤量到出粉量的变化要有一段时间，而后者由于有煤粉仓故只要增大给粉量就能很快适应负荷的要求。

（3）汽压变化对主要运行参数的影响主要有以下两点：

1）对水位的影响。当汽压降低时，由于饱和温度的降低，使部分炉水蒸发，将引起炉水体积"膨胀"，故水位要上升；相反，当汽压升高时，由于饱和温度的升高，使炉水中的部分蒸汽泡要凝结下来，将引起炉水体积"收缩"，故水位要下降。如果汽压变化是由于负荷变化等原因引起的，则上述的水位变化只是暂时的现象，接着就会向相反的方向变化。例如负荷增加、汽压下降时，先引起水位上升，但在给水量没有增加以前，由于给水量小于蒸发量，故水位很快就会下降。由此可知，汽压变化对水位有直接的影响，尤其当汽压急剧变化时，这种影响就更为明显，若调节不当或误操作，还容易发生事故。

2）对汽温的影响。一般当汽压升高时，过热蒸汽温度也要升高。这是由于当汽压升高时，饱和温度随之升高了，则给水变为蒸汽必须要消耗更多的热量（水冷壁金属也要多吸收部分热量），在燃料量未改变时，锅炉的蒸发量瞬间要减少（因炉水中的部分蒸汽泡凝结），即通过过热器的蒸汽量减少了，所以平均每公斤蒸汽的吸热量增大，导致了过热蒸汽温度的升高。由上述可知，汽压过高、过低或者急剧的汽压变化（即变化速度很快）对于锅炉机组以及整个发电厂的运行都是不利的。因此，运行中规定了正常的汽压波动范围，对于高压和超高压锅炉为 ±0.2 ~ 0.3MPa。在锅炉操作盘的蒸汽压力表上一般还用红线标明了锅炉的正常汽压数值，以引起运行人员的注意。但是，由于负荷等运行工况的变动，汽压的变化是不可避免的。运行人员必须及时地、正确地调整燃烧，以尽可能保持或尽快地恢复汽压的稳定。

对于并列运行的机组，为使多数锅炉的汽压较稳定，并使蒸汽母管的汽压稳定，一般可根据设备特性和其他因素指定一台或几台锅炉应付外界负荷变化，作调节汽压用，叫做调压炉；其余各炉则保持在一定的经济出力下运行。这种运行方式容易做到汽压稳定，同时除调压炉外，多数锅炉都在经济负荷和比较稳定的状况下运行，这对于安全或经济两方面都是有利的。

4.2.2　汽压变化的原因

汽压变化的实质是反映了锅炉蒸发量与外界负荷之间的平衡关系。但平衡是相对的，不平衡是绝对的。外界负荷的变化以及由于炉内燃烧情况或锅内工作情况的变化而引起的锅炉蒸发量的变化，经常破坏上述平衡关系，因而汽压的变化是必然的。

引起锅炉汽压发生变化的原因可归纳为下述两方面：一是锅炉外部的因素，称为外扰；二是锅炉内部的因素，称为内扰。

4.2.2.1　外扰

外扰是指外界负荷（有时简称负荷）的正常增减以及事故情况下的甩负荷，它具体地反映在汽轮机所需蒸汽量的变化上。

在锅炉汽包的蒸汽空间内，蒸汽是不断流动的。一方面由蒸发受热面中产生的蒸汽不断流进汽包，另一方面蒸汽又不断离开汽包，向汽轮机供汽。当供给锅炉的燃料量和空气量一定时，燃料在炉膛中燃烧所放出的热量是一定的，锅炉蒸发受热面所吸收的热量也是一定的，则锅炉每小时所产生的蒸汽数量（即锅炉蒸发量）就是一定的，蒸汽压力的形成是与容器内气体分子不断运动碰撞器壁的结果；容器内部气体分子的数量越多、分子运动的速度越大时，产生的蒸汽压力就越高；反之，蒸汽的压力就低。由此可知，当外界负荷变化，锅炉产生蒸汽数量不变，则锅炉蒸汽容积内的蒸汽分子数量就会变化，因而引起汽压变化。此时，如果能及时地调整锅炉燃烧，适当地改变燃料量和风量，使锅炉产生的蒸汽数量与外界负荷相适应，则汽压将能较快地恢复至正常的数值。

由上述可知，从物质平衡的角度来看，汽压的稳定取决于锅炉蒸发量（或称锅炉出力）与外界负荷之间是否处于平衡状态。当锅炉的蒸发量正好满足外界所需要的蒸汽量（即外界负荷）时，汽压就能保持正常和稳定；而当锅炉蒸发量大于或小于外界所需要的蒸汽量时，则汽压就升高或降低。所以，汽压的变化与外界负荷有密切的关系。

此外，当外界负荷不变时，并列运行的锅炉之间的参数变化也会互相产生影响。例如两台锅炉并列运行，如果1号炉的蒸汽流量（送往蒸汽母管的气量）减少，此时由于汽轮机所需要的蒸汽量（即外界负荷）没有变，则2号炉的蒸汽量势必增加，因而引起2号炉的汽压也下降。但2号炉汽压下降的原因不是由于本炉内部的运行因素引起的。因此，并列运行锅炉之间的相互影响，对于受影响的某台锅炉（例如上述的2号炉）来说，这种影响仍可归结为外扰，即与外界负荷变化时所带来的结果是一样的。

当外界负荷变化时，对于蒸汽母管制系统中并列运行的各台锅炉，其汽压受影响的程度除与负荷变化的大小和各台锅炉的特性有关以外，还与各台锅炉在系统中的位置有关，边远的锅炉受的影响较小。

4.2.2.2 内扰

内扰是由锅炉机组本身的因素引起的汽压变化。这主要是指炉内燃烧工况的变动（如燃烧不稳定或燃烧失常等）和锅内工作情况（如热交换情况）不正常。

在外界负荷不变的情况下，汽压的稳定主要取决于炉内燃烧工况的稳定。当燃烧工况正常时，汽压的变化是不大的。当燃烧不稳定或燃烧失常时，炉膛热强度将发生变化，使蒸发受热面的吸热量发生变化，因而水冷壁管中产生的蒸汽量将增多或减少，这就必然引起汽压发生较大的变化。

影响燃烧不稳定或燃烧失常的因素很多，例如：燃煤时煤质变化、送入炉膛的煤粉量、煤粉细度发生变化，风粉配合不当、风速和风量配比不当、炉内结焦或漏风以及制粉系统发生故障时所带来的其他后果等；燃油时油压、油温、油质发生变化以及风量的变化等。

此外，锅炉热交换情况的改变也会影响汽压的稳定。在锅炉的炉膛内，既进行着燃烧过程，同时又进行着传热的过程；燃料燃烧后所放出的热量以辐射和对流两种方式传递给水冷壁受热面，使水蒸发变成蒸汽（在炉膛内，对流传热是很少的，一般只占炉内总传热量的5%左右）。因此，如果热交换条件变化，使受热面内的工质得不到所需要的热量或者是传给工质的热量增多，都会影响蒸汽量，也就会引起汽压发生变化。水冷壁管外积灰或结渣以及管内结垢时，由于灰、渣和水垢的导热系数很低，都会使水冷壁受热面的热交换条件恶化。因此，为了保持正常的热交换条件，应当根据运行情况，正确地调整燃烧，及时地进行吹灰和排污等，以保持受热面内外的清洁。

4.2.2.3　怎样判断外扰和内扰

无论外扰或内扰，汽压的变化总是与蒸汽流量的变化紧密相关的。因此，在锅炉运行中，一般可根据汽压与蒸汽流量的变化关系，来判断引起汽压变化是由于外扰或内扰的影响。

（1）如果汽压 p 与蒸汽流量 D 的变化方向是相反的，则是由于外扰的影响。这一规律无论对于并列运行的机组或单元机组都是适用的。

例如，当 p 下降，同时 D 增加，说明外界要求蒸汽量增多；或当 p 上升，同时 D 减少，说明外界要求蒸汽量减少。故这都属于外扰。

（2）如果汽压 p 与蒸汽流量 D 的变化方向是相同的，则大多是由于内扰的影响。例如，当 p 下降，同时 D 减少，说明燃料燃烧的供热量不足；或当 p 上升，同时 D 增加，说明燃料燃烧的供热量偏多。而这都属于内扰。

但必须指出，判断内扰的这一方法，对于单元机组而言仅适用于工况变化的初期，即汽轮机调速汽门未动作以前，而调速汽门动作以后 p 与 D 的变化方向则是相反的，这一点在运行中应予以注意。

对于单元机组内扰的影响过程是：例如当外界负荷不变时，锅炉燃料量突然增加或燃料质量变好（内扰），刚开始 p 上升，同时 D 增加，但当汽轮机为了维持额定转速，调速汽门关小，则 p 继续上升，而 D 则减少；反之，当燃料量突然减少或煤质变差时，开始时 p 下降，同时 D 减少；但当汽轮机调速汽门打开以后，则 p 继续下降，而 D 则增加。

对于外扰和内扰的处理，主要是锅炉迁就后工段，即锅炉主动进行燃烧调整。如出现外扰导致汽压降低，则加燃料量，然后适当地增加风量。低负荷情况下，由于炉膛中的过剩空气量相对较多，因而在增加负荷时也可先增加燃料量，后增加风量，但整个过程中不允许出现炉膛变正压的情况。

一般的原则是：增加风量时，应先增引风机量，然后增大送风机量。如果先加大送风，则火焰和烟气将可能喷出炉外伤人，并且恶化了锅炉房的环境。送风量的增加，一般都是增大送风机入口挡板的开度，即增加总风量；只有在必要时，才根据需要再调整各个（或各组）喷燃器前的二次风挡板。

增加燃料量的手段是同时或单独地增加各运行喷燃器的燃料量（燃煤时增加给粉机或给煤机转速等，燃油时增加油压或减少回油量），或者是增加喷燃器的运行只数。例如使备用的给粉机投入运行的方法来实现。在负荷增加不大、各运行给粉机尚有调节余度的情况下，只需采用前一种方法，否则，必须投入备用的给粉机及相应的喷燃器。有时，也可单独地增加某台给粉机的转速，也就是单独地增加某个喷燃器的给粉量。

燃煤锅炉如果装有油喷燃器，必要时还可以将油喷燃器投入运行或者加大喷油量，以强化燃烧，稳定汽压。但是，如果控制油量的操作不方便（例如不能在操作盘上来控制）或者受燃油量的限制时，则不宜采用"投油"或加大喷油量的方法来调节汽压。

当负荷减少（蒸汽流量指示值减少）使汽压升高时，则必须减弱燃烧，即先减少燃料量再减少风量（还应相应地减少给水量和改变减温水量），其调节方法与上述汽压下降时相反。在异常情况下当汽压急剧升高，只靠燃烧调节来不及时，可开启过热器疏水门或向空排汽门，以尽快减压。

课题 4.3 蒸汽温度调节

4.3.1 过热汽温调节的必要性

蒸汽温度是锅炉运行中必须监视和控制的主要参数之一。

汽温偏离额定数值过大时，会影响锅炉和汽轮机运行的安全性和经济性。

汽温过高，会加快金属材料的蠕变，还会使过热器、蒸汽管道、汽轮机高压部分等产生额外的热应力，缩短设备的使用寿命。当发生严重超温时，甚至会造成过热器管爆破。根据实际运行中过热器发生损坏的情况来看，其损坏的主要原因大多数就是因为管子金属超温过热造成的。蒸汽温度过低，会使汽轮机最后几级的蒸汽湿度增加，对叶片的侵蚀作用加剧，严重时将会发生水冲击，威胁汽轮机的安全。而且当压力不变时汽温减低，蒸汽的做功能力减少，汽轮机的汽耗就必然增加，所以汽温过低还会使发电厂的经济性降低。

运行中，由于很多因素的影响将使蒸汽温度发生变化，必须采取措施，以使汽温保持在规定的范围内。

现代锅炉对过热蒸汽温度的控制是非常严格的，对高压和超高压锅炉机组，汽温允许波动范围一般不得超过额定值 ±5℃。

4.3.2 过热汽温的变化特征

饱和蒸汽在过热器中被加热提高温度后即变成过热蒸汽。根据热量平衡关系，汽温是否变化取决于流经过热器的蒸汽量（包括减温水量）和同一时间内烟气传给它的热量。如果在任一时间内能保持上述平衡关系，则汽温将维持不变；而当平衡遭到破坏时，就会引起汽温发生变化。不平衡的程度越大，则汽温的变化幅度也越大。

由上述可知，引起汽温变化的基本原因有两方面，即烟气侧传热工况的改变和蒸汽侧吸热工况的改变。下面分别说明来自这两方面的影响因素。

4.3.2.1 烟气侧的主要影响因素

（1）燃料性质变化。当燃煤的挥发分降低、含碳量增加或煤粉变粗时，由于煤粉在炉膛中燃尽所需时间增长，火焰中心上移，炉膛出口烟温升高，则将使汽温升高。

燃煤的水分增加时，水分蒸发吸收炉内的热量，因而将使炉膛温度降低，使炉膛的辐射传热量减少，炉膛出口烟温升高；同时水分增加也使烟气体积增大，烟气流速增加。这样，就使得对流过热器的吸热量增加、汽温升高，而辐射过热器的汽温则降低。

当从烧煤改为烧油时，由于油的燃烧迅速，其火焰长度较煤粉短，使火焰中心降低；同时由于油火焰的辐射强度比煤大，而是炉内辐射传热加强，相应炉膛出口烟温降低，因将使对流过热器的汽温降低，而辐射过热器的汽温升高。有些超高压锅炉的过热器由于布置有较多的辐射受热面，在燃煤时联合过热器出口汽温随着锅炉负荷的变化表现出对流特性，而在烧油时可能因辐射传热的比例增加而出现辐射特性或比较平稳的特性。

（2）风量及其分配的变化。当由于送风量或漏风量增加而使炉内过剩空气量增加时，由于低温空气的吸热，炉膛温度降低，辐射传热减弱，炉膛出口烟温升高，同时过剩空气量的增加将使流经对流过热器的烟气量增多，烟气流速增大，使对流传热增强，从而引起对流过热器的汽温升高和辐射过热器的汽温降低。但若风量不足，燃烧不好，也会引起对流过热器的汽温升高。

在总风量不变的情况下，配风工况的变化也会引起汽温的变化。这是由于配风工况不同，燃烧室火焰中心的位置也不同。例如对于四角布置切圆燃烧方式，当喷燃器上面的二次风大而下面的二次风小时，将使火焰中心降低，炉膛出口烟温降低，从而使汽温降低。

当送风和引风配合不当，使炉膛负压发生改变时，由于火焰中心位置变化，也会引起汽温发生变化。

（3）喷燃器运行方式改变。喷燃器运行方式改变时，将引起燃烧室火焰中心位置的改变，因而可能引起汽温变化。例如，喷燃器从上排切换至下排时，汽温可能会降低。

（4）给水温度变化。给水温度的变化对汽温有很大的影响。当给水温度变化时，为了维持锅炉蒸发量不变，则燃料量势必要相应改变，以适应加热给水所需热量的变化。由此，将造成流经对流过热器的烟气流速和烟气温度发生变化，因而引起汽温变化。例如当给水温度降低时，加热给水所需的热量增多，燃料量必然要加大，但这时蒸发量未变，即由饱和蒸汽加热到额定温度的过热蒸汽所需的热量未变，因而燃料量加大的结果必然造成过热器烟气侧的传热量大于蒸汽侧的吸热量，这就必然会引起过热汽温的升高。

当给水温度变化不大（10℃左右）时，对过热汽温的影响很小。但在某些情况下，如高压加热器故障解列，使给水温度降低很多时，则将引起过热汽温大幅度上升。

（5）受热面的清洁程度。水冷壁和凝渣管管外积灰、结渣或管内结垢将引起汽温升高。因为无论是灰、渣或水垢都会阻碍传热，使水冷壁（或凝渣管）的吸热量减少，而使过热器进口的烟温升高，因而引起汽温升高。

当过热器受热面本身结渣、严重积灰或管内结盐垢时，将使汽温降低。

过热器受热面本身结垢不但会影响汽温，而且可能造成管壁过热损坏。若过热器积灰、结渣不均匀时，有的地方流过的烟气量多，这部分汽温就高；有的地方流过的烟气量少，汽温就低。在这种情况下，虽然过热器出口蒸汽的平均温度变化不大，但个别管子的壁温将可能很高，这是很危险的。

所以，要重视保持受热面的清洁，防止结垢、积灰和结渣现象的发生；在运行中应进行必要的吹灰和打焦工作。

4.3.2.2　蒸汽侧的主要影响因素

（1）锅炉负荷的变化。锅炉运行中负荷是经常变化的。当锅炉负荷变化时，过热汽温也会随之而变化。对于不同形式的过热器，其汽温随锅炉负荷变化的特性也不相同。辐射过热器的汽温变化特性是负荷增加时汽温降低，负荷减少时汽温升高；而对流过热器的汽温变化特性是负荷增加时汽温升高，负荷减少时汽温降低。两者的汽温变化特性恰好相反。

燃料在锅炉中燃烧所放出的热量，除去损失外可以分成两部分：一部分是在炉膛内以辐射传热的方式传给工质；另一部分是在对流烟道内以对流传热的方式给工质。炉膛辐射传热所占的比例，在高压锅炉中，前者在设计工况下通常达 50% 以上。

当锅炉负荷增加时，必须增加燃料量和风量以强化燃烧，这时炉膛温度有所提高，辐射传热量也将增长，但是由于炉膛温度提高得不多，使辐射传热量的增加赶不上蒸发热的增加，因此辐射传热的比例反而下降，即辐射传热量当负荷增加时是相对减少的；此外，当负荷增加、强化燃烧后，炉膛出口烟温将升高，这表明每公斤燃料燃烧生成的烟气带出炉膛的热量增多，这也说明炉膛辐射吸热量的相对减少。所以，辐射过热器的汽温是随着锅炉负荷的增加而降低的。

在对流过热器中，随着锅炉负荷增加，由于燃料消耗量增大，使流经对流过热器的烟气流速增加，对流放热系数增大；另外由于炉膛出口烟温升高，即进入对流过热器的烟温升高，使传热温差增大，因而使对流过热器吸热量的增加值超过由于流过过热器的蒸汽流量的增加所引起的需热量的增加值，使对流传热的比例也增加，所以对流过热器的汽温是随着锅炉负荷的增加而升高的。

半辐射过热器汽温随锅炉负荷的变化比较平稳。现代高压和超高压锅炉都采用联合式过热器，即整个过热器由若干级辐射、半辐射和对流过热器串联组成，所以，联合式过热器的汽温特性与对流和辐射吸热的比例有关。但一般呈现对流过热器的汽温特性。图 4-1 表示一台高压锅炉的汽温特性。

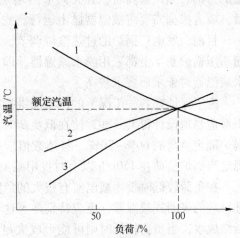

图 4-1　蒸汽吸热量与锅炉负荷的关系
1—辐射过热器；2—对流过热器；
3—半辐射过热器

（2）饱和蒸汽湿度的变化。从汽包出来的饱和蒸汽总含量有少量的水分。在正常工况下，饱和蒸汽的湿度一般变化很小。但当运行工况变动，尤其是水位过高，锅炉负荷突增以及因炉水品质恶化而发生汽水共腾时，将会使饱和蒸汽的带水量，即饱和蒸汽的湿度大大增加。由于增加的水分在过热器中汽化要多吸收热量，在燃烧工况不变的情况下，用于使干饱和蒸汽过热的热量相应减少，因而将引起过热蒸汽温度下降。饱和蒸汽如大量带水，则将造成过热汽温急剧下降。

（3）减温水的变化。在采用减温器的过热器系统中，当减温水温度和流量变化时，将引起过热器蒸汽总需热量的变化，则汽温就会发生相应的变化。例如，用给水作为减温水，在给水系统的压力增高时，虽然减温水调节门的开度未变，但这时减温水量增加了而烟气侧的传热量却未变，因而将引起汽温下降。

此外，当表面式减温器泄漏时，也会引起汽温下降。

4.3.3　蒸汽温度调节

运行中维持额定汽温的重要性和汽温变化的必然性。两者之间是矛盾的，而矛盾的解决除了在设计时从结构等方面考虑一些合理的布置方式和汽温调节方案以外，还需要在进行中根据复杂的工况变动情况采取不同的调节措施，才能满足运行的要求。根据对汽温变化原因的调解也可以从这两方面来进行。

4.3.3.1　蒸汽侧调节汽温

蒸汽侧调节过热汽温的原理是利用给水或蒸汽凝结水作为冷却工质，直接或间接地冷却蒸汽，以改变每公斤蒸汽在过热器中实际得到的热量，从而改变过热蒸汽的温度。

为此可以应用减温器。减温器有表面式和喷水式两种，表面式减温器是利用给水间接吸收蒸汽的热量，而喷水式则是用给水或蒸汽凝结水直接喷射到过热蒸汽中以降低蒸汽温度。

无论采用哪种减温器来调节汽温，其调节操作都比较简单，只要根据汽温的变化，适当变更相应的减温水调节门的开度，以改变进入减温器的减温水量，即可达到调节过热汽温的目的。当汽温高时，开大调节门增加减温水量；当汽温低时，关小调节门减少温水量，或者根据需要将减温器撤出运行。

目前，发电厂锅炉的过热汽温调节，以从蒸汽侧采用减温器的调节方法居多。高压和超高压锅炉基本上都采用喷水减温器，即使中压锅炉也不断趋向于改用喷水减温器，但喷水减温器对于水质要求较高。

为了保证在各种工况下的汽温能维持额定值，对装有减温器的过热器，其受热面、面积都适当地设计得大一些，使在低负荷时不投用减温器仍可维持汽温，目前此负荷一般取锅炉额定负荷的 60%~70%，具体数值应根据设备特性予以规定。如 200t/h 的高压锅炉，规定当锅炉负荷在 150t/h 以上时投用减温器，其减温水量不超过 3.5t/h。

在负荷较低时投用减温器有很大的危险性，尤其对于目前已极少采用的布置在过热器进口端的表面式减温器，更应特别注意这个问题。因为这种减温器工作时，将一部分蒸汽凝结成水，当负荷较低时则可能形成大量的冷凝水，这些水分在蛇形管中分配不易均匀，会造成很大的热偏差，有时还可能在个别蛇形管中形成水塞而烧坏管子。

高压和超高压锅炉对汽温调节的要求较高，故通常均装有两级（段）喷水减温。第一级一般布置在屏式过热器之前；第二级则布置在高温对流过热器的进口或中间。因此，在进行汽温调节时，必须明确每级所担任的任务：第一级是作为粗调节，其喷水量的多少决定于减温前汽温的高低，它应保证屏式过热器的管壁温度不超过允许数值；第二级作为细调节，比较准确地控制过热器出口蒸汽温度使其符合规定数值。相对地讲第二级喷水减温的灵敏度较高，时滞性较小。因此，第一级与第二级减温水调节门的开度，应根据其不同要求而定。例如：某型超高压锅炉的过热器设有两级喷水减温，第一级布置在后屏过热器之前，第二级布置在高温对流过热器进口；又如另一种高压锅炉，第一级喷水式减温布置在屏式过热器之前，第二级喷水器减温布置在高温对流过热器的中间。

总的来说，蒸汽侧调节汽温的工作特点是：从原理上讲它只能使蒸汽汽温降低而不能升温。因此锅炉按额定负荷设计时，过热器的受热面是超过需要的，也就是说锅炉在额定符合下运行时，过热器的吸收热量将大于蒸汽所需要的过热量，这时就要用减温水来降低蒸汽的温度使之保持额定值。当锅炉负荷降低时，由于一般锅炉的过热器都偏近于对流特性，所以汽温也将下降，这时减温水就要关小；负荷继续降低时，则减温水继续关小，直到减温器完全停止工作为止。在这一过程中，过热器温度是借助于对减温水的调节以保持在规定的范围内，如果负荷在降低到 60%~70% 额定负荷以下时，由于失去调节手段，蒸汽温度就不能保持额定值，加上锅炉水循环的影响，锅炉一般不宜在这样低的负荷下运行。锅炉制造厂一般只保证锅炉在60%~100%负荷范围内汽温可以符合要求。

此外，从蒸汽侧采用减温器调温在经济上是有一定损失的，但是由于喷水减温的设备较简单，操作也方便，调节又灵敏，仍得到了广泛的应用。

4.3.3.2　烟气侧调节汽温

烟气侧调节汽温的原理是通过改变流经过热器烟气的温度和烟气的流速，以改变过热器烟气侧的传热条件，即改变过热器受热面的吸热量。为达到这一目的，锅炉运行中可根据具体设备情况选择采用下述各种调节方法：

（1）改变火焰中心的位置。改变火焰中心的位置可以改变炉内辐射吸热量和进入过热器的烟气温度，因而可以调节过热汽温。当火焰中心位置高时，火焰离过热器较近，炉内辐射吸热量减少，炉膛出口烟温升高，则过热汽温将升高；火焰中心位置降低时，则过热汽温将降低。

改变火焰中心位置的方法有：

1）改变喷燃器的倾角。采用摆动式喷燃器时，可以用改变其倾角的办法来改变火焰中心沿炉膛高度的位置，达到调节汽温的目的。在高负荷时，将喷燃器向下倾斜某一角度，可使火焰中心位置下移，使汽温降低；而在低负荷时，将喷燃器向上倾斜适当角度，则可使火焰中心位置提高，使汽温升高。目前使用的摆动式喷燃器上下摆动的转角为±20°，一般用 +10° ~ -20°。应注意喷燃器倾角的调节范围不可过大，否则可能会增大不完全燃烧损失或造成结渣等。例如向下对倾角过大时，可能会造成水冷壁下部或冷灰斗结渣；若向上的倾角过大，会增加不完全燃烧损失并可能引起炉膛出口的屏式过热器或凝渣管结渣，同时在低负荷时若向上的倾角过大，还可能发生炉膛灭火。

摆动式喷燃器调节汽温多用于四角布置的燃烧方式。这种调温方法有很多优点：首先是调温幅度比较大，当喷燃器摆动角度为±20°时，可使炉膛出口烟温变化100℃以上；其次是调节灵敏，时滞很小；同时不要求像用减温器那样需额外增加受热面，设备简单，没有功率消耗。但对于灰熔点低的燃料，由于炉膛出口烟温不宜过高以避免结渣，故调温幅度应加以限制。

2）改变喷燃器的运行方式。当沿炉膛高度布置有多排喷燃器时，可以将不同高度对喷燃器组投入或停止工作，即通过上下排喷燃器的切换，来改变火焰中心的位置。当汽温高时应尽量先投用下排对喷燃器，汽温低时可切换成上排喷燃器运行。

3）改变配风工况。例如对于四角布置切圆燃烧方式，在总风量不变的情况下，可用改变上下排二次风分配比例的办法来改变火焰中心对位置。当汽温高时，一般可开大上排二次风，关小下排二次风，以压低火焰中心；当汽温低时，一般则关小上排二次风，开大下排二次风，以抬高火焰中心。但进行调整时，应根据实际设备的具体特性灵活掌握。

（2）改变烟气量。若改变流经过热器的烟气量，则烟气流速必然改变，烟气对过热器的放热量。烟气量增多时，烟气流速大，使对流传热系数增大，汽侧的放热量增加，使汽温升高；烟气量减少时，烟汽流速小，使汽温降低。改变烟气量，即改变烟气流速的方法有：

1）采用烟气再循环。采用烟气再循环调节汽温的原理是：从尾部烟道（通常是从省煤器后）抽出一部分低温烟气，用再循环风机送回炉膛，并通过对再循环烟气量的调节来改变流经过热器的烟气流量，也即改变烟气流速。此外，当送入炉膛的低温再循环烟气量改变时，将使炉膛温度发生变化，则炉内辐射吸热与对流吸热的比例将改变，从而使汽温发生变化。由此可知，改变再循环烟气量可以同时改变流经过热器的烟气流量和烟气含热量，因而可以调节汽温。

采用烟气再循环作为调温手段时，必须了解烟气再循环量变化对各受热面吸热量的影响，图 4-2 表示了再循环烟气的热力特性，即各受热面吸热量与烟气再循环量之间的关系。

如图 4-3 所示，当再循环烟气从冷灰斗下部送入时，随着再循环烟气量的增加，炉膛辐射受热面吸热量的相对值减小，而对流受热面吸热量的相对值增加；同时，沿着烟气流程，越往后的受热面，吸热量增加的百分数越大，换句话说，越在后部的受热面，调温的幅度越大。因此，锅炉可以把烟气再循环用作调节再热汽温的主要手段。

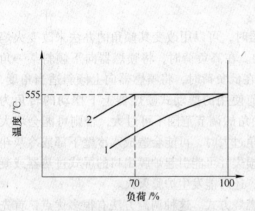

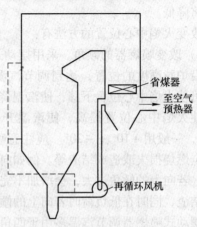

图 4-2　烟气再循环时再热汽温特性　　　　　　　图 4-3　烟气再循环系统
1—不投烟气再循环；2—投入烟气再循环

如图 4-3 所示，当烟气再循环从炉膛出口送入时，炉膛吸热量变化很小，但炉膛出口烟温下降很多。采用这种方式，过热汽温和再热汽温的调温幅度很小。因此，它的主要目的不是为了调温，而是为了降低炉膛出口烟温，以防止屏式过热器超温和高温对流过热器结渣。

采用烟气再循环的优点是：调温幅度大，试验表明，每增加再循环量 1%，可使再热汽温提高 2℃，节省再热器受热面，这种调温方式是减负荷时增温，而不是像喷水减温那样增负荷时降温，因而不用多加受热面。采用烟气再循环的缺点是：需要装置高温风机，增加了投资也增加了厂用电；不宜在燃用高灰分燃料时采用，否则会加大磨损；不宜在燃烧低挥发分煤时采用，否则对燃烧的稳定性和经济性不利。

再循环烟气量占当时锅炉负荷下总烟气量的百分数称为再循环率，上述汽包锅炉根据设计数据，在 70% 负荷时，再循环率为 17%；在 100% 负荷时，再循环率为 5%。在额定负荷时仍保持 5% 的再循环烟气量，是为了有进一步调节的可能，同时维持再循环风机处于正常运行状态，保持再循环风机在一定开度，则当负荷变化时，就能及时地进行调节。

2）采用烟气旁路。采用这种方法时，将过热器处的对流烟道分隔成主烟道和旁路烟道两部分，在旁路烟道中的受热面之后装有烟气挡板，调节烟气挡板的开度，即可改变通过主烟道的烟气流速，从而改变主烟道中受热面的吸热量，如图 4-4 所示。

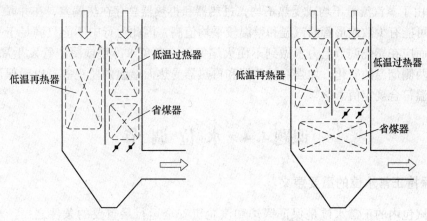

图 4-4　尾部竖井中分隔烟道布置

烟气旁路挡板结构简单，操作方便。但挡板要用耐热材料，并不宜布置在烟温高于 400℃ 的区域，否则易产生热变形。此外，挡板开度与汽温变化不是线性关系，一般在 0 ~ 40% 开度范围内调温比较有效，开度再大时调节作用则很小。

3）在燃烧工况允许的范围内调节送风量，以改变流经过热器的烟气量，即改变烟气流速，达到调节过热汽温的目的。

必须强调指出，对于从烟气侧来调节过热汽温的方法中，喷燃器的运行方式和风量的调节等，首先必须满足燃烧工况的要求，以保证锅炉机组运行的安全性和经济性；而用以调节汽温，一般只是作为辅助的手段。当汽温问题成为运行中的主要矛盾时，才用燃烧调节来配合调节汽温，这时即使要降低经济性也是可取的。

综上所述，调节过热蒸汽温度的方法很多，这些方法又各有其优缺点，故在应用时应根据具体的情况予以选择。在高参数大容量锅炉中，为了得到良好的汽温调节特性，往往应用两种以上的调节方法，并常以喷水减温与一种或两种烟气侧调温方法相配合。在一般情况下，烟气侧调温只能作为粗调，而蒸汽侧（用减温器）调温才能进行细调。实践经验证明，如使用得当，烟气侧调温也能使蒸汽温度控制在规定的范围内。

4.3.4　汽温的监视和调节中应注意的问题

（1）运行中要控制好汽温，首先要监视好汽温，并经常根据有关工况的改变分析汽温的变化趋势，尽量使调节工作恰当地做在汽温变化之前。如果等汽温变化以后再采取调节措施，则必然形成较大的汽温波动。

应特别注意过热器中间点汽温（如一、二级减温器出口汽温）的监视，中间点汽温保证了，过热汽出口汽温就能稳定。

（2）虽然现代锅炉一般都装有汽温自动调节装置，但运行人员除应对有关表计加强监视以外，还需熟悉有关设备的性能，如过热器和再热器的汽温特性、喷水调节门的阀门开度与喷水量之间的关系、过热器和再热器管壁金属的耐温性能等，以便在必要的情况下由自动切换为远方操作时，仍能维持汽温的稳定并确保设备的安全。

（3）在进行汽温调节时，操作应平稳均匀，例如对于减温调节门的操作，不可大开大关，以免引起急剧的温度变化，危害设备安全。

（4）由于蒸汽流量不均或受热不均，过热器和再热器总存在热偏差，在并联工作的蛇形管中总可能有少数蛇形管的汽温和壁温较平均值高，因此运行中不能只满足于平均汽温不超限，而应在燃烧调节上力求做到不使火焰偏斜，避免水冷壁或凝渣管发生局部结渣，注意烟道两侧烟温的变化，加强对过热器和再热器受热面壁温的监视等，以确保设备的安全并使汽温符合规定值。

课题 4.4　水 位 调 节

4.4.1　保持正常水位的重要意义

保持汽包内的正常水位是保证锅炉和汽轮机安全运行最重要的条件之一。水位过高时，由于汽包蒸汽空间高度减小，会增加蒸汽携带的水分，使蒸汽品质恶化，容易造成过热器积盐垢，使管子过热损坏。严重满水时，会造成蒸汽大量带水，除造成过热汽温急剧下降外，还会引起蒸汽管道和汽轮机内产生严重水冲击，甚至打坏汽轮机叶片。水位过低，则可能引起锅炉水循环破坏，使水冷壁管的安全受到威胁。如果出现严重缺水而又处理不当时，则可能造成炉管爆破，给人身安全和企业财产带来严重损害。

所以，锅炉运行中，任何疏忽大意，对水位监视不严、操作维护不当、或设备存在缺陷而发生缺水、满水事故时，都会造成巨大的损失。

锅炉在额定蒸发量下，全部中断给水，汽包水位从正常水位（0 水位）降低到最低安全水位所需的时间，称为干锅时间。

由于汽包的相对水容积（每吨蒸发量所占有的汽包容积）随着锅炉容量的增大而减小，所以锅炉容量越大，干锅时间越短，对汽包水位调整的要求也越高。如 SG-400t/h 再热锅炉的汽包正常水位定在汽包中心线以下 100mm 或 150mm，如图 4-5 所示。允许的汽包最高、最低水位，应通过热化学试验和水循环试验来确定。最高安全水位应不致引起蒸汽突然带盐，最低安全水位应不影响水循环的安全。

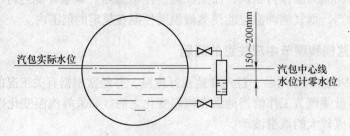

图 4-5　汽包中心线与水位计零水位的关系

4.4.2　影响水位变化的主要因素

锅炉运行中，汽包水位是经常变化的。引起水位变化的根本原因在于物质平衡（给水量与蒸发量的平衡）遭到破坏或者工质状态发生改变。显然，当物质平衡被破坏时，必然引起水位的变化，即使能保持物质平衡，水位仍可能变化，例如当炉内放热量改变时，将引起蒸汽压力和饱和温度变化，从而使水和蒸汽的比容以及水容积中蒸汽泡数量发生变化，由此将引起水位变化。根据上述引起水位变化的根本原因，可归纳出影响水位变化的主要因素有锅炉负荷、燃烧工况和给水压力等。

4.4.2.1　锅炉负荷

汽包中水位的稳定与锅炉负荷（或蒸发量）的变化有密切的关系，如图4-6和图4-7所示。蒸汽是给水进入锅炉以后逐渐受热汽化而产生的；当负荷变化，也就是所需要产生的蒸汽量变化时，将引起蒸发受热面中水的消耗量发生变化，因而必然会引起汽包水位发生变化。负荷增加，如果给水量不变或者不能及时地相应增加，则蒸发设备中的水量逐渐

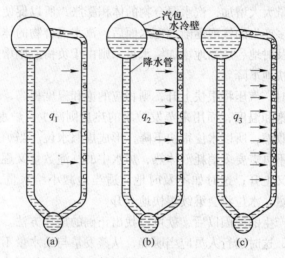

图 4-6　负荷骤增骤减汽包水位示意
（a）稳定负荷水位；（b）增加负荷水位；（c）负荷骤增水位

被消耗，其最终结果将使水位下降；反之，则将使水位上升。所以，一般来说，水位的变化反映了锅炉给水量与蒸发量（负荷）之间的平衡关系。当不考虑排污、漏水、漏汽等消耗的水量时，如果给水量大于蒸发量，则水位将上升；给水量小于蒸发量，则水位将下降；只有当给水量等于蒸发量，即保持蒸发设备中的物质不变时，水位才保持不变。

此外，由于负荷变化而造成的压力变化，将引起炉水状态发生改变，促使它的体积也相应改变，从而也要引起水位发生变化。这一点，可以通过虚假水位现象来理解。

上面已经说过，在正常情况下，当负荷增加时，其最终结果将使水位下降；当负荷降低时，

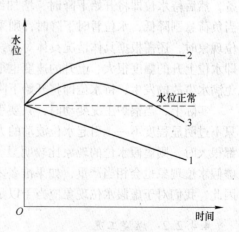

图 4-7　锅炉负荷骤增水位变化
1—汽水量不平衡水位的变化；
2—炉水体积膨胀水位的变化；
3—最终水位变化

其最终结果将使水位上升（前提为给水量不跟进）。但是，当负荷剧烈变化时，水位的变化还有一个明显的过渡过程，在这个过程中反映出来的水位变化并不立即就是如上述的最终结果。例如，当负荷急剧增加时，水位会很快上升（经过一段时间以后才又很快下降）；当负荷急剧降低时，水位会很快下降（经过一段时间以后才又很快上升）。这种水位现象是暂时的，经过一段时间就会过去，从物质平衡的角度来看它也是虚假的，所以叫做虚假水位或暂时水位。

为什么会出现这种虚假水位现象呢？

当负荷急剧增加时，汽压将很快下降，由于炉水温度就是锅炉当时压力下的饱和温度，所以随着汽压的下降，炉水温度就要从原来较高压力下的饱和温度下降到新的、较低压力下的饱和温度，这时炉水（和金属）要放出大量的热量，这些热量又用来蒸发炉水，于是炉水内的气泡数量大大增加，汽水混合物的体积膨胀，所以促使水位很快上升，形成虚假水位。当炉水中多产生的气泡逐渐逸出水面后，汽水混合物的体积又收缩，所以水位又下降；这时如果不及时地、适当地增加给水量，则由于负荷急剧增加，蒸发量大于给水量，水位将会继续很快地下降。

当负荷急剧降低时，汽压将很快上升，则相应的饱和温度提高，因而一部分热量被用于把炉水加热到新的饱和温度，而用来蒸发炉水的热量则减少，炉水中的气泡数量减少，使汽水混合物的体积收缩，所以水位很快下降，形成虚假水位。当炉水温度上升到新压力下的饱和温度以后，不再需多消耗液体热，炉水中的气泡数量又逐渐增多，汽水混合物体积膨胀，所以水位又上升；这时如不及时地、适当地减小给水量，则由于负荷急剧降低，给水量大于蒸发量，水位将会继续很快地上升。

知道了虚假水位产生的原因以后，就可以找出正确的操作方法。例如，当负荷急剧增加时，起初水位上升，这时运行人员应当明确，从蒸发量与给水量不平衡的情况来看，蒸发量大于给水量，因而这时的水位上升现象是暂时的，它不可能无止境地上升，而是很快就会下降的。因而，切不可立即去关小给水调节门，而应当作好强化燃烧、恢复水位的准备，然后待水位即将开始下降时，增加给水量，使其与蒸发量相适应，恢复水位的正常。当负荷急剧降低，水位暂时下降时，则采用与上述相反的调节方法。当然，在出现虚假水位现象时，还需根据具体情况具体对待，例如当负荷急剧增加，虚假水位现象很严重，也即水位上升的幅度很大、上升的速度也很快时，还是应该先适当地关小给水调节门，以避免满水事故的发生，待水位即将开始下降时，再加强给水，恢复水位的正常。

实际上，当锅炉工况变动时，只要引起工质状态发生改变，就会出现虚假水位现象，只不过明显程度不一，引起水位波动的大小不同而已。在锅炉负荷的变化幅度和变化速度都很大时，则虚假水位的现象比较明显。此外，当发生炉膛灭火和安全门动作的情况下，虚假水位现象也会相当严重，如果准备不足或处理不当，则最容易造成缺水或满水事故。因此，我们对于虚假水位现象应当予以足够的重视。

4.4.2.2　燃烧工况

燃烧工况的改变对水位的影响也很大。在外界负荷不变的情况下，燃烧强化时，水位将暂时升高，然后又下降；燃烧减弱时，水位将暂时降低，然后又升高。这是由于燃烧工况的改变使炉内放热量改变，因而引起工质状态发生变化的缘故。例如，当送入炉内的燃料量突然增多时，炉内放热量就增加，则受热面的吸热量也增加，炉水汽化加强，炉水中产生的蒸汽泡的数量增多，体积膨胀，因而使水位暂时升高。由于产生的蒸汽量不断增多，使汽压上升，相应地提高了饱和温度，炉水中的蒸汽泡数量有所减少，水位又会下降。对于母管制机组，这时由于锅炉压力高于蒸汽母管压力，蒸汽流量增加，则水位将继续下降；对于单元机组，如果这时汽压不能及时恢复继续上升，则由于蒸汽做功能力的提高而外界负荷又没有变化，汽轮机调节机构将关小调速汽门，减少进汽量，由于锅炉蒸汽量减少而给水量却没有变，因而将使得水位又要升高。此时，水位波动的大小，取决于燃烧工况改变的剧烈程度以及运行调节是否及时。

4.4.2.3 给水压力

如果给水系统运行不正常使给水压力变化时，将使送入锅炉的给水量发生变化，从而破坏了给水量与蒸发量的平衡，则必将引起汽包水位的波动。在其他条件不改变的情况下，给水压力对水位的影响是显而易见的，即给水压力高使给水量加大时，水位升高，给水压力低使给水量减少时，水位下降。

4.4.3 水位的调节

对水位的控制调节比较简单，它是依靠改变给水调节门的开度，即改变给水量来实现的。水位高时，关小调节门；水位低时，开大调节门。现代大型锅炉机组，都采用一套比较可靠的给水自动调节器来自动调节送入锅炉的给水量，调节器的电动（或气动）执行机构除能投入自动以外，还可切换为远方（遥控）手动操作。

但是，当给水调节投入自动时，运行人员仍需认真地监视水位和有关表计，以便一旦自动调节失灵或锅炉运行工况发生剧烈变化时，能迅速将给水自动解列，切换为远方手动操作，保持水位的正常。为此，运行人员必须掌握水位的变化规律，还应熟悉调节门和系统的调节特性，例如阀门开度（或圈数）和流量的关系、调节时滞的时间等。

当用远方手动调节水位时，操作应尽可能平稳均匀，一般应尽量避免采用对调节门进行大开大关的大幅度调节方法，以免造成水位过大的波动。

当由于对给水量调节不当而造成水位波动过大时，将会影响汽温、汽压发生变化（但在大容量锅炉中给水量变动对汽压的影响不明显）。

与对汽温的控制调节一样，要控制好水位，必须要做好对水位的监视工作。现代锅炉除在汽包上就地装有一次水位计（如云母水位计、双色水位计）以外，通常还装有几只机械式或电子式的二次水位计（如差压式水位计、电接点水位计、电子记录式水位计等），其讯号直接接到锅炉操作盘上，以增加对水位监视的手段。此外，还应用工业电视来监视汽包水位。

对汽包水位的监视，原则上应以一次水位计为准。正常运行中，一次水位计的水位应清晰可见，而云母水位计的水面还应有轻微的波动；如果停滞不动或模糊不清，则可能是连通管发生堵塞，应对水位计进行冲洗。冲洗水位计的步骤为：

（1）开启放水门，使汽管、水管及水位计得到冲洗。

（2）关闭水门，冲洗汽管及水位计。

（3）开启水门，关闭汽门，冲洗水管。

（4）开启汽门，关闭放水门，然后检查和校对水位的变化情况。

一次水位计所指示的水位高度，比汽包中的实际水位高度要低，这是由于汽包中的水与水位计中的水重度不同而造成的。汽包水容积中是饱和水或汽水混合物，即汽包水容积中的水的温度较高且含有蒸汽泡；而水位计中的水由于散热关系，温度低于汽包压力下的饱和温度，故重度较大，因而造成水位计指示的水位低于汽包中的实际水位。

如果汽包水容积中充满的是饱和水，则水位指示的偏差随着工作压力的增高而增大，如图4-8所示。

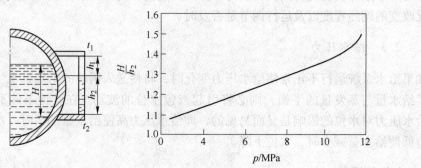

图4-8　汽包水位高度与水位计水位高度

此外，当一次水位计的连通管发生泄漏和堵塞时，也会引起水位指示的误差。若汽侧泄漏，将使水位指示偏高；若水侧泄漏（例如放水门泄漏），则使水位指示偏低。

目前，由于二次水位计的准确性和可靠性已基本能满足锅炉运行的要求，故正常运行中允许根据仪表盘上的二次水位计的指示来进行水位调节操作。但是为了安全，运行中应定期校对二次与一次水位计的指示，并应做到经常保持所有水位计完整良好。

在监视水位时，必须经常注意蒸汽流量与给水流量（以及减温水量），注意其差值是否在正常范围内，还应注意给水压力。此外，对于可能引起水位变化的运行操作（如进行锅炉定期排污、投停燃烧器或改变燃料量、增开或切换给水泵等）也需予以注意。以便根据这些运行工况的改变，及时地分析水位的变化趋势，将调节工作做在水位变化之前，从而保证运行中汽包水位的稳定。

课题4.5　锅炉工况变动的影响

4.5.1　工况变动概述

锅炉工况就是指锅炉运行工作状况。锅炉工况可以通过一系列有关的运行参数或称工况参数来反映，如锅炉的蒸发量、工质的压力和温度、烟气温度和燃料量等。

锅炉在一定条件下运行时，用来反映锅炉工作状况的各个参数都具有确定的数值。如果运行条件改变，则这些工况参数就要相应地发生变化。

锅炉运行中，如果工况参数一直保持不变，则这时的工况称为稳定工况。事实上绝对的稳定是没有的，在实际运行中，即使在所谓稳定工况下，锅炉的各工况参数也不断地在发生微小的变化，因而所谓稳定只能是相对的、暂时的。只要当锅炉的工况参数在一段较长的时间内变动甚小时，则我们就可以认为锅炉已处于稳定工况之下。

若在某一稳定工况下，锅炉的效率达到最高，则这时的工况称为锅炉的最佳工况。

当由于一个或几个工况参数发生改变，而使锅炉由一种稳定工况变动到建立起另一新的稳定工况时，这一变动过程称为动态过程或过渡过程或不稳定过程。

在不稳定过程中，各参数的变化特性称为锅炉的动态特性。进行锅炉动态特性试验的目的，是为整定自动调节系统及设备提供依据。

锅炉在不同的稳定工况下，参数之间的变化关系（如过热汽温与过剩空气系数或过剩空气系数与锅炉效率之间的关系）称为锅炉的静态特性。进行锅炉静态特性试验的目的是为了确定锅炉的最佳工况，以作为运行调节的依据。

锅炉机组是按照额定负荷进行设计的，设计时还预定了一些工作条件和指标，如燃料性质、给水温度、过剩空气系数和各种热损失等。但在实际运行中，很少有完全符合设计的情况，就是说，锅炉往往是在非设计工况下运行，这时，各工况参数都可能发生改变。因此，充分了解工况变动时锅炉工作所受到的影响是十分重要的。

每一因素的改变都会对锅炉工况产生一定的影响，几个因素同时改变时，各种影响则相互交错，不易清晰地反映出变化的规律。为了便于分析，下面分别就一个因素改变时对锅炉静态特性的影响的简单情况进行定性讨论，同时假定其他条件均保持不变。这时可以认为，几个因素同时改变时给锅炉工作所带来的总的影响，就是每一因素单独改变时的影响的总和。

4.5.2 锅炉负荷的变动及其分配

（1）锅炉运行中，随着外界电网负荷的变动，锅炉的负荷（蒸发量）也在一定范围内变动。

实际上负荷变动时，效率是要变化的。故在经济负荷以下时，燃料消耗量增加比（$B2/B1$）略小于负荷增加比（$D2/D1$）；而在经济负荷以上时，燃料量增加比则略高于负荷增加比。

由于此比值变化不大，因此可以说当负荷变动时，锅炉的燃料消耗量与其负荷接近于成正比的关系。

（2）对炉内辐射传热的影响。按前述汽温调节可知，当锅炉负荷增加时，辐射过热器的出口蒸汽温度是降低的。

（3）对对流传热的影响。如前所述，负荷增加时对流吸热量的增加比大于负荷的增加比，对流过热器的出口蒸汽温度是升高的。同时，省煤器出口水温（或者沸腾度）、空气预热温度及排烟温度都将随负荷增加而增加。

（4）对锅炉效率的影响。当过剩空气系数不变时，锅炉效率与负荷的关系如图4-9所示。由图可知，当负荷变化时，效率也随之变化；在某一负荷时可以得到最高的效率，这一负荷叫做经济负荷。在经济负荷以下时，负荷增加，效率也增加；超过经济负荷，效率则随着负荷升高而下降；在经济负荷以上时，如锅炉负荷降低，则由于排烟损失和燃料不完全燃烧损失的减小，锅炉效率也相应地提高；但当负荷降至经济负荷以下时，将由于炉内温度降低使不完全燃烧损失显著增大，锅炉效率就会反而降低。

在高负荷时，由于炉膛温度高，燃烧条件好，在达到燃烧充分与少结渣的前提下，可

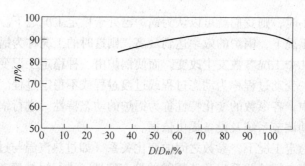

图 4-9　锅炉效率与负荷关系示意图

适当减少空气过剩系数 α。减少 α 不仅能使 q_2 相对减少，并且对减少 q_3、q_4 也有好处（因延长了可燃物质在炉内的停留时间）。但减少 α，必须在保证完全燃烧的前提下进行，否则反而会增加不完全燃烧损失，使锅炉效率迅速降低。

（5）锅炉负荷的分配。自备电站各台锅炉的蒸发量大多是不一致的，同时各台锅炉的形式和性能也不相同，因此在进行锅炉之间的负荷分配时，一般应解决两个问题：1）在既定的负荷范围内，应有哪几台锅炉参加运行；2）对于参加运行的锅炉之间，如何分配负荷最经济。前一个问题将涉及锅炉形式、工作特性、故障、检修、备用和负荷曲线等很多因素，这里不再讨论。下面只分析解决后一个问题的方法。

在几台并列运行的锅炉之间进行负荷分配的主要任务是要以最少的燃料消耗得到必须数量和规定参数的蒸汽。运行锅炉之间的负荷分配一般可按下述 3 种方式进行。

1）根据锅炉机组的蒸发量按比例分配。这种方式是将电站的全部负荷按额定蒸发量比例分配给参加运行的各台锅炉。当它们的总蒸发量达到极限值时，将备用锅炉并入运行；当负荷降低到对于任何一台锅炉而言的稳定负荷下限时，则将一部分锅炉停止运行。这种分配负荷的方法是最简单的。其优点是易于实现负荷分配的自动化，但没有考虑到各台锅炉的效率，因而不能保证运行的经济性。尤其在各台锅炉的形式和性能相差悬殊时更不经济。故这种分配方法只用于各台锅炉的性能、参数基本相同的情况下。

2）按高效率机组带基本负荷、低效率机组带变动负荷的原则分配。这种方法是想尽可能利用经济性高的锅炉来降低总的燃料消耗，但实际上并不一定能达到这一目的。因为对既定锅炉来说，热效率也不是常数，它是随负荷而变的，而担负变动负荷的锅炉，其蒸发量将在很大的范围内波动，而且有可能在很不经济的负荷范围内运行，因而其结果可能使设备的总经济性降低。

3）按燃料消耗量微增率相等的原则分配。理论分析证明，要使锅炉负荷分配最经济，应使参加并列运行的每台锅炉的燃料消耗微增率相等。等微增率分配负荷的方法是建立在并列运行的每台炉都是调压炉的基础之上的，即总负荷变化时，每台炉的负荷不能随便改变，而都要按等微增率变化。要做到这一点实际上是很困难的，要做大量的基础工作。在现场要先制定出表格，明确地列出某个总负荷下，各台炉应带的负荷。如果总负荷变化很频繁且幅度不大，每台炉的负荷都要作相应的变化。由于燃烧调整上的困难，难于维持在稳定运行条件下的锅炉效率。锅炉燃烧频繁地调整必然要伴随燃料的过度消耗，如果这种过度消耗大于按等微增率分配负荷所节约的燃料，那么这种理论上正确的运行方式将会失去意义。因此，等微增率分配负荷的方法虽然在理论上是先进和可行的，但是在实际运行中很少采用。

　　上述的 3 种分配负荷的方法中，按燃料消耗量微增率相等的原则分配的方法最为经济。但是，在实际运行中，由于运行方式的多变，按微增率相等的方法来分配负荷，要求运行人员应有较高的技术水平并要进行相当精确的运行调节，这样就使得这一方法的应用受到限制。而第 2 种方法比较易于实现，且在一般负荷范围内，其经济性和按 Δb 相等的方法分配负荷也相差不大，故应用最广泛。

4.5.3　给水温度的变动

　　锅炉的给水是由除氧器经过给水泵、高压加热器送来的，所以当高压加热器的运行情况（如是否投用或发生故障以及加热器受热面的清洁程度等）改变时，将会引起给水温度的变化。对于单元机组，当该机组的负荷变化时，也会引起给水温度发生变化。

　　（1）对燃料量或蒸发量的影响。给水在锅炉中经各受热面不断吸收热量而成为过热蒸汽。当给水温度变化时，如果燃料性质没有变化，而且汽温也保持不变，又考虑到给水温度对锅炉效率的影响不大（可以忽略不计），则给水温度的变化只引起 D 或 B 的变化。如当给水温度降低时（即给水焓的数值减小），燃料量 B 必须增大或者是蒸发量 D 要降低；也就是说，当给水温度降低时，为了保持锅炉的蒸发量不变，则必然要增加燃料消耗量。

　　显然，当给水温度低于设计值，而锅炉仍维持额定出力运行时，将使燃烧系统处于"超出力"运行状态。

　　（2）对过热蒸汽温度的影响。当给水温度降低，使燃料量增加以后，会使炉膛出口的烟气温度比同样负荷下高些，加之烟气流速的增加，因而增加了每公斤燃料在对流受热面区域的放热量，因此单位质量的工质在对流受热面中的吸热就必然增加。由于给水温度的降低使辐射吸热和对流吸热的比例发生改变，因而具有对流特性的过热器，其出口蒸汽温度将升高。

　　（3）对安全性和经济性的影响。当给水均匀地进入汽包时，水温变化实际上对汽包壁的安全工作影响不大。但由于给水直接与省煤器管壁接触，给水温度经常突变将会产生额外的温度应力，因而对省煤器的工作安全性有较大的影响。当给水温度降低时，由于温差加大，省煤器的吸热量将增加，使排烟温度降低，亦即排烟损失减少，因此锅炉效率会提高。但是，排烟损失 q_2 的减少抵消不了在相同负荷情况下燃料消耗量增加的损失和凝汽器损失的增大（当高压加热器故障时排入凝汽器的排汽量将增大），所以对整个电厂来说，经济性仍然是降低的。

4.5.4　过剩空气系数的变动

　　当送风量变化或各部漏风量变化时，都会引起过剩空气系数的变动。

4.5.4.1　送风量改变而漏风量不变

　　（1）对经济性的影响。在一般负荷范围内，当炉膛出口过剩空气系数 α_1 增加时，化学不完全燃烧损失 q_3、机械不完全燃烧损失 q_4 损失将降低。但 α_1 过大，以致炉内温度显著降低或烟气流速过分增高时，则 q_3、q_4 损失可能增大。而 q_2 始终随 α_1 增加而增加，而且 α_1 超过设计数值（最经济值）以后，q_3、q_4 增加的减少量，抵消不了 q_2 随 α_1 增加的增加量，故 α_1 过高，也会使锅炉效率降低，如图 4-10 所示。

（2）对传热的影响。α_1 增加过多时，炉膛内温度降低，故将使炉内辐射传热量减少。对于对流受热面，则由于烟气流速增加，传热系数增大，而使对流传热量增加。

（3）对过热蒸汽温度的影响。α_1 增加时，对流吸热量相对增加，故对流过热器出口蒸汽温度将随 α_1 增加而升高。大约 α_1 每增加 0.1，t_y 将升高 8～10℃。但 α_1 过大，以致炉膛出口烟气温度降低时，则 α_1 对 t_{gq} 的影响减小。

4.5.4.2　送风量不变而各部漏风量变化

制粉系统和燃烧室漏风量增加时，其后果与前述相似，但影响的程度则较严重，因其温度较低，更使辐射传热量减少。

各部烟道漏风时的主要影响是：

（1）增加 q_2 损失使锅炉效率降低。

（2）某段烟道漏风时将使该段烟道的烟温降低，吸热量也降低。则进入其后部烟道的烟气温度将相对提高，使后部烟道的对流吸热量也增加。但后部烟道吸热量的增大，抵消不了"漏风烟道"吸热量的减小，故总损失还是增加。越是前部的烟道，漏风对传热及经济性的影响也越严重。

（3）空气预热器漏风时，虽然由于空气温度低于烟气温度将使排烟温度降低，但排烟焓增加，故 q_2 损失依然增加。同时还使热风温度降低，影响燃烧。

4.5.5　燃料性质的变动

在运行中，进入锅炉的燃料的性质，例如燃料的灰分和水分可能发生变动。在某些情况下还可能改用其他燃料。

当燃料品种改变时，燃料的发热量、挥发分、水分、灰分以及灰渣性质等都会变动，因而对锅炉工况的影响相当复杂，这里不予讲述。下面仅介绍燃料灰分和水分的变动对锅炉机组工况的影响。

4.5.5.1　燃料灰分的变动

当燃料灰分增大时，其可燃物含量减少，故发热量、燃烧所需要的空气量和燃烧后所生成的烟气量等都比设计值降低。

如果保持燃料消耗量不变，则由于燃料发热量降低，使炉内总放热量随之降低，因而锅炉蒸发量降低，同时将使炉膛出口的烟气温度降低，以致对流受热面的传热温差减少。燃料灰分增大之后，燃烧产物的体积也缩小，因此对流受热面的吸热量显著降低。要保持蒸发量不变，则必须增加燃料消耗量。当增加燃料消耗量之后，能使各部烟气温度，烟气总体积和流速、锅炉机组效率、所有受热面的吸热量、蒸发量和过热蒸汽温度（或减温器的吸热量）等都恢复至原设计数值。

燃料灰分的增大，会加剧受热面的磨损并容易造成堵灰。

4.5.5.2　燃料水分的变动

燃料水分增大将使其发热量显著降低，因为水分增大减少了燃料的可燃物含量，而且增大了蒸发水分所用的热量损失。因此，将使蒸发量降低，同时造成炉膛温度下降。当水分增大时，各对流受热面前的烟气温度将降低，因而降低了相应的平均温度，虽然烟速有所增加，但仍使得对流受热面的吸热量有所降低。当水分增大时，由于每公斤燃料所产生的烟气容积增加，q_2损失增大了，故锅炉效率也随着降低。在运行中必须保持蒸发量不变，则当燃料水分增大时，必须增加燃料消耗量。增加燃料消耗量后将提高排烟温度，增大q_2损失，另外由于烟气流速增加，使对流受热面的传热系数增大，从而使其对应于单位燃料的吸热量、总的吸热量都会增大。因此，将使具有对流特性的过热器的出口蒸汽温度增高，省煤器的蒸发份额增大，热空气温度也要增高。最后，燃煤水分增大还可能使给煤或给粉发生困难。

课题4.6 燃 烧 调 节

4.6.1 燃烧调节概述

锅炉燃烧工况的好坏对锅炉机组和整个发电厂运行的经济性和安全性有很大的影响。燃烧调节的任务是：适应外界负荷的需要，在满足必需的蒸汽数量和合格的蒸汽质量的前提下，保证锅炉运行的安全性和经济性。对于一般固态排渣煤粉炉，进行燃烧调节的目的可具体归纳为以下3点：

（1）保证正常稳定的汽压、汽温和蒸发量。

（2）着火稳定，燃烧中心适当，火焰分布均匀，不烧损喷燃器、过热器等设备，避免结渣。

（3）使机组运行保持最高的经济性。

燃烧过程是否稳定直接关系到锅炉运行的可靠性。对于大容量高参数锅炉，燃烧调节适当（燃料完全燃烧、炉膛温度场和热负荷分布均匀）则更是达到安全可靠运行的必要条件。

燃烧过程的经济性要求保持合理的风、煤配合，一、二次风配合和送风、引风配合，此外还要求保持适当高的炉膛温度。合理的风、煤配合就是要保持最佳的过剩空气系数；合理的一、二次风配合就是要保证着火迅速、燃烧完全；合理的送风、引风配合就是要保持适当的炉膛负压，减少漏风。当运行工况改变时，这些配合比例如果调节得当，就可以减少燃烧损失，提高锅炉效率。对于现代火力发电机组，锅炉热效率每提高1%，将使整个机组效率提高约0.3%~0.4%，标准煤耗可下降3~4g/℃。

对于煤粉炉，为达到上述燃烧调节的目的，在运行操作方面应注意喷燃器一、二、三次风的出口风速和风率，各喷燃器之间的负荷分配和运行方式，炉膛的风量即过剩空气系数、燃料量和煤粉细度等各参数的调节，使其达到最佳值。锅炉运行中经常碰到的工况改变是负荷的改变。当锅炉负荷改变时，必须及时调节送入炉膛的燃料量和空气量（风量），使燃烧工况得以相应的改变。在高负荷运行时，由于炉膛温度高，着火与混合条件比较好，故燃烧一般是稳定的。但这时排烟损失比较大。为了提高锅炉效率，可以根据煤质等具体条件，考虑适当降低过剩空气系数运行。过剩空气系数适当减小后，排烟损失必然降低，而且由于炉温高并降低了烟速使煤粉在炉内的停留时间相对增长，因此，不完全燃烧损失可能不增加或者增加很少，其结果可使锅炉效率有所提高。

负荷低时，由于燃烧减弱，投入的喷燃器不可能多，故炉膛温度较低，火焰充满程度差，使燃烧不稳定，经济性也较差。所以，对于大型煤粉炉一般不宜在 70% 额定负荷以下运行。低负荷时可以适当降低炉膛负压运行，以减少漏风，使炉膛温度相对有所提高。这样不但能稳定燃烧，也能减少不完全燃烧损失，但这时必须注意安全，防止喷火伤人。由上所述可知，当运行工况改变时，燃烧调节的正确与否，对锅炉运行的安全性和经济性都有直接的影响。

4.6.2　燃料量的调节

在现代锅炉中，蒸汽主要是从炉内的辐射蒸发受热面中产生的。因此，可以有条件地近似认为，锅炉的出力与送入炉内燃烧的燃料量成正比。

不同燃烧设备类型和不同燃料种类的锅炉，其燃料量的调节方法也各不相同。

（1）对配有中间仓储式制粉系统的锅炉。中间仓储式制粉系统的特点之一是制粉系统出力的变化与锅炉负荷并不存在直接的关系。当锅炉负荷发生改变而需调节进入炉内的煤粉量时，是通过改变给粉机的转速和喷燃器投入的支数（包括相应的给粉机）来实现的。当锅炉负荷变化较小时，改变给粉机的转速就可以达到调节的目的。当锅炉负荷变化较大时，改变给粉机转速不能满足调节幅度，则应先以投、停给粉机作粗调节，再以改变给粉机转速作细调节。但投、停给粉机应尽量对称，以免破坏整个炉内工况。当需投入备用的喷燃器和给粉机时，应先开启二次风门至所需开度，对一次风管进行吹扫，待风压指示正常后，方可启动给粉机进行给粉，并开启二次风，观察着火情况是否正常。相反，在停用喷燃器时，则是先停止给粉机，并关闭二次风，而一次风应继续吹扫数分钟然后再关闭，以防止一次风管内产生煤粉沉积。为防止停用的喷燃器因过热而烧坏，有时对其一、二次风门保持微小的开度，以作冷却喷口之用。给粉机转速的正常调节范围不宜太大，若调得过高，则不但因煤粉的浓度过大，容易引起不完全燃烧，而且也易使给粉机过负荷发生事故，若调得太低，则在炉膛温度不太高的情况下，由于煤粉浓度低，着火会不稳，容易发生炉膛灭火。此外，对各台给粉机事先都应作好转速—出力试验，了解其出力特性，以保持运行时给粉均匀，给粉调节操作要平稳，应避免大幅度的调节，任何短时间的过量给粉或给粉中断，都会使炉内火焰发生跳动，着火不稳，甚至可能引起灭火。

（2）对配有直吹式制粉系统的锅炉。具有直吹式制粉系统的煤粉炉，一般都装有 3～4 台磨煤机，相应地具有 3～4 套独立的制粉系统。由于直吹式制粉系统无中间储粉仓，它的出力的大小将直接影响锅炉蒸发量，故当锅炉负荷有较大变动时，即需启动或停止一套制粉系统。在确定启、停方案时，必须考虑燃烧工况的合理性，如投运喷燃器应均衡、保证炉膛四角都有喷燃器投入运行等。

若锅炉负荷变化不大，则可通过调节运行的制粉系统的出力来解决。当锅炉负荷增加，要求制粉系统的出力增加时，应先开大磨煤机和排粉机的进口风量挡板，增加磨煤机的通风量，以利用磨煤机内的少量存粉作为增荷开始时的缓冲调节；然后，再增加给煤量，同时开大相应的二次风门。反之，当锅炉负荷降低时，则减少给煤量和磨煤机通风量以及二次风量。由此可知，对于带直吹式制粉系统的煤粉炉，其燃料量的调节基本上是用改变给煤量来解决的。

在调节给煤量和风门开度时，应注意电动机的电流变化、挡板的开度指示、风压的变化以及有关的表计指示的变化，防止发生电流超限和堵管等异常情况。

4.6.3 风量的调节

当外界负荷变化而需调节锅炉出力时，随着燃料量的改变，对锅炉的送风和引风也需作相应的调节。

4.6.3.1 烟气中 CO_2（或 O_2）值的控制和送风的调节

（1）控制 CO_2（或 O_2）位的意义。按照燃烧化学式，运行中，从 CO_2 表或 O_2 表指示值的大小可间接地了解到送入炉内的空气量的多少。

过剩空气系数的大小不仅会影响锅炉运行的经济性，而且也会影响到锅炉运行的可靠性。

从运行经济性方面来看，在一定的范围内，随着炉内过剩空气系数的增大，可以改善燃料与空气的接触和混合，有利于完全燃烧，使化学未完全燃烧热损失 q_3 和机械未完全燃烧热损失 q_4 降低。但是，当过剩空气系数过大时，则因炉膛温度的降低和燃烧时间的缩短（由于烟气流速加快），可能使不完全燃烧损失反而有所增加。而排烟带走的热损失 q_2 则总是随着过剩空气系数的增大而增加的，所以，当过剩空气系数过大时，总的热损失就要增加。合理的过剩空气系数应使各项热损失之和为最小（见图 4-10），即锅炉热

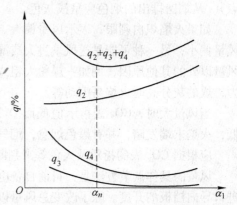

图 4-10 最佳过量空气系数曲线图

效率为最高，这时的过剩空气系数称为锅炉的最佳过剩空气系数。显然，送入炉内的空气量应使过剩空气系数维持在最佳值附近。

最佳过剩空气系数的大小与燃烧设备的形式和结构、燃料的种类和性质、锅炉负荷的大小以及配风工况等有关。例如，锅炉负荷越高，所需的 α 值越小，但一般在 $0.75 \sim 1.00$ 倍额定蒸发量范围内，最适宜的 α 值无显著变化；液态除渣炉较固态除渣炉所需的 α 值小；低挥发分的燃料需要较大的 α 值。对于一般的煤粉炉，在经济负荷范围内，炉膛出口处的最佳。值大约为 $1.15 \sim 1.25$，全燃油炉大约为 $1.05 \sim 1.10$。对具体的锅炉、燃料和燃烧工况，α 的最佳数值应通过在不同工况下锅炉的热效率试验来确定。此外，随着炉内过剩空气系数的增大，使烟气的容积也相应增加，烟气流速也提高，因而使送风机、引风机的耗电量也增加。

从锅炉工作的可靠性方面来看，若炉内过剩空气系数过小，则会使燃料不能完全燃烧，造成烟气中含有较多的一氧化碳（CO）等可燃气体。由于灰分在具有还原性气体的介质中熔点将要降低，因此对于固态排渣煤粉炉，易引起水冷壁结渣以及由此而带来的其他不良后果。当锅炉燃油时，如果风量不足，使油雾不能很好地燃尽，则将导致在尾部烟道及其受热面上沉积油垢，从而可能发生二次燃烧事故；如果处理不当，将使设备招致严重的损坏。由于飞灰对受热面的磨损量与烟气流速的三次方成正比，因此对于煤粉炉，随

着过剩空气系数的增大，将使受热面管子和引风机叶片的磨损加剧，影响设备的使用寿命。

烟道进口、出口处烟气中的 RO_2 和 RO_x，可分别取样用烟气分析器来测定。当经过测定说明锅炉漏风过大时，应作进一步的检查并采取必要的措施。实践证明，除冷灰斗外，产生漏风最多的是在人孔门、检查孔以及管子穿过炉墙处等。在漏风的地方，一般都留有烟、灰的痕迹，发现后应及时用石棉绳、水玻璃等进行堵塞。

（2）送风的调节。风量的调节是锅炉运行中一个重要的调节项目，它是使燃烧稳定、完全的一个重要因素。当锅炉负荷发生变化时，随着燃料量的改变，必须同时对送风量进行相应的调节。

正常稳定的燃烧说明风、煤配合比较恰当。这时，炉膛内应具有光亮的金黄色火焰，火焰中心应在炉膛的中部，火焰均匀地充满炉膛但不触及四周水冷壁，火色稳定，火焰中没有明显的星点（有星点可能是煤粉分离现象，此外炉膛温度过低或煤粉太粗时也会有星点），从烟囱排出的烟色应呈浅灰色。

如果火焰炽白刺眼，表示风量偏大。如果火焰暗红不稳，则有两种可能：一种可能是风量偏小；另一种可能是送风量过大或漏风严重，致使炉膛温度大大降低。此外还可能是风量以外的其他原因，例如：煤粉太粗或不均匀；煤的水分高或挥发分低时，火焰发黄无力，煤的灰分高时火焰易闪动等。

当风量大时，CO_2 表指示值低而 O_2 表指示值高；风量不足时，则 CO_2 值高而 O_2 值低，火焰末端发暗，并有黑色烟怠，烟气中含有一氧化碳（CO），烟囱冒黑烟。

应根据 CO_2 表的指示及火色等来判断风量的大小，并进行正确的调节。

风量的具体调节方法是：目前自备电站锅炉中多数是通过电动执行机构来调节送风机进口导向挡板的开度。除了改变总风量以外，在必要时还可以调节二次风量。

对于容量较大的锅炉，通常都装有两台送风机。当锅炉增、减负荷时，若风机运行的工作点在经济区域内，在出力允许的情况下，一般只需通过调节送风机进口挡板的开度来调节送风量。但如负荷变化较大时，则需变更送风机的运行方式，即开启或停止一台送风机。合理的风机运行方式；应在运行试验的基础上通过技术经济比较来确定。

当两台送风机都运行，需要调节送风量时，一般应同时改变两台风机进口挡板的开度，以使烟道两侧的烟气流动工况均匀。在调节导向挡板开度改变风量的操作中，应注意观察电动机电流表、风压表、炉膛负压表以及 CO_2（或 O_2）表指示值的变化，以判断是否达到调节目的。尤其当锅炉在高负荷情况下，应特别注意防止电动机的电流超限，以免影响设备的安全运行。

4.6.3.2　炉膛负压的控制和引风的调节

（1）监视和控制炉膛风压的意义。炉膛风压是反映燃烧工况稳定与否的重要参数。炉膛风压表的测点通常是设置在炉膛上部靠近炉顶的出口处。对于负压燃烧锅炉，正常运行时要求炉膛风压保持 $-20 \sim -30Pa$。另外，过剩空气系数增大时，由于过剩氧的相应增加，将使燃料中的硫分易于形成三氧化硫（SO_3），烟气露点温度也相应提高，从而使烟道尾部的空气预热器更易遭受腐蚀。此点对燃用高硫油的锅炉影响尤其显著。

综上所述，在锅炉运行中如果炉膛负压过大，将会增加炉膛和烟道的漏风，造成不良后果；尤其是锅炉在低负荷下运行、燃烧不稳的情况下，很可能因从炉膛底部漏入大量冷风而造成锅炉灭火。反之，若炉膛风压偏正，则炉膛内的高温火焰及烟灰就要向外冒，这不但会影响环境，烧坏设备，还会造成事故。当炉内燃烧工况发生变化时，必将立即引起炉膛风压发生变化。运行实践表明，当锅炉的燃烧系统发生异常情况或故障时，最先反映出来的就是炉膛风压的变化。例如锅炉灭火，从仪表盘上首先反映出的现象是炉膛风压表的指示急剧波动并向负摆到底，然后才是汽包水位、蒸汽流量等指示的变化。所以，锅炉运行中必须监视好炉膛风压，并按照不同的变化情况作出正确的判断，据此再及时地进行必要的调节和处理，以使炉膛风压的数值维持在所要求的范围内。

（2）炉膛风压与烟道负压的变化。为了使炉内燃烧能连续地进行，必须不间断地向炉膛供给燃料燃烧所需要的空气，并将燃烧后生成的烟气及时排走。在燃烧产生烟气及其排除的过程中，如果排出炉膛的烟气量等于燃烧产生的烟气量，则进、出炉膛的物质保持平衡，此时炉膛风压就相对地保持不变。若在上述两个量中间有一个量发生改变，则平衡就会遭到破坏，炉膛风压就要发生变化。例如，在引风量未增加时，增加送风量（即等于增加燃烧产生的烟气量）就会使炉膛出现正压。

运行中即使在送风、引风调节挡板开度保持不变的情况下，由于燃烧工况总有小量的变动，故炉膛风压也总是脉动的，反映在炉膛风压表上就是其指针经常在控制值的左右轻微晃动。

当燃烧不稳时，炉膛风压将产生强烈的脉动，炉膛风压表的指针也相应作大幅度的剧烈晃动。运行经验说明，当炉膛风压发生强烈脉动时，往往是灭火的预兆。这时，必须加强监视和检查炉内火焰情况，分析原因，并及时地进行适当的调整和处理。

在烟气流经烟道及各受热面时，将会有各种阻力产生，这些阻力是由引风机的压头来克服的；同时，由于受热面和烟道是处于引风机的进口侧，因此，沿着烟气流程烟道内的负压是逐渐增大的。

烟气流动时产生的阻力大小与阻力系数、烟气重度成正比，并与烟气流速的平方成正比。因此，当锅炉负荷、燃料和风量发生改变时，随着烟气流速的改变，负压也相应改变。故在不同负荷下，锅炉各部分烟道内的烟气压力是不相同的。锅炉负荷增加，烟道各部分负压也相应增大；反之，各部分负压则相应减小。

当受热面管束发生结渣、积灰以至于局部堵塞时，由于通道减小，烟气流速增加，使烟气流经该部分管束产生的阻力较正常为大，于是出口负压值及其压差就相应要增大。

因此，监视烟道工况，不仅需对各处烟温，而且还需对烟道各处的负压变化情况，给以必要的注意。在正常情况下，炉膛风压和各部分烟道的负压都有大致的变化范围，因此，运行中如发现它们的指示数值有不正常的变化时，即应进行分析，检查原因，以便及时处理。

（3）引风的调节。如前所述，送入炉内的燃料量取决于锅炉的负荷，而燃烧所需的风量应以 CO_2（或 O_2）值为依据。因此，当锅炉增、减负荷时，随着进入炉内的燃料量和风量的改变，燃烧后产生的烟气量也将随之改变。此时，若不相应地调节引风量，则炉膛风压将会发生不能允许的变化。

引风的调节方法与送风相似，目前基本上也是通过电动执行机构用改变引风机进口挡板的开度来调节。

若锅炉装有两台引风机，则与送风机一样，需根据锅炉负荷的大小和风机的工作特性来考虑引风机运行方式的合理性。

为了保证人身安全，当运行人员在进行除灰、清理焦渣或观察炉内燃烧情况时，炉膛负压应保持较正常值高一些，约为 $-50 \sim -100\text{Pa}$。

课题 4.7　提高锅炉热效率的途径

在锅炉运行中，总是希望设法提高锅炉的热效率，降低燃料的消耗量，使锅炉的热经济性达到高的程度。从热平衡计算热效率的方法中可以看出，设法减小锅炉的各项热损失，尽力提高可利用的有效热量，是提高锅炉燃烧效率的唯一途径。对于大容量锅炉，可燃气体未完全燃烧热损失已相当小，只要锅炉不出现严重缺风运行的异常工况，降低这项热损失的可能性已不大了。当锅炉设计和安装完毕，其锅炉本体的散热面积和保温条件已定型，从运行角度出发去降低锅炉用热损失也不大可能。对于已经投入运行的锅炉，认真提高锅炉的检修质量，搞好锅炉各部分的保温，可以防止散热损失增大。灰渣物理热损失所占比例相对甚小，其值也不大，通过运行降低这项损失的手段不多。由此可见，只有排烟热损失、固体未完全燃烧热损失在锅炉各项热损失中所占的比例较大，在实际运行中其变化也较大。因此，设法降低这两项损失是提高锅炉热经济性的潜力所在。

要想提高锅炉效率，首先从燃料开始。

4.7.1　燃料的基础知识（燃料基础知识为初级工内容）

4.7.1.1　燃料的介绍和分类

燃料：指在燃烧时能放出大量热量的物质。

按物理形态分：固体燃料为煤、蔗渣；液体燃料为重油；气体燃料为天然气。

锅炉燃煤政策：燃用劣质煤。

4.7.1.2　燃料的成分分析方法

（1）元素分析。

1）元素分析定义：元素分析一般指分析燃料中的碳（C）、氢（H）、氧（O）、氮（N）、硫（S）五种元素。

元素分析方法简单说来就是把煤制成煤样（磨成煤粉），在炉子里加热。先失去的是水分，紧接着燃烧煤粉，分析燃烧产物可以知道煤粉的元素分析成分，最后剩下的是灰分。

有一些化合物在煤的燃烧前后没有改变，就是它们不参与燃烧，分析它们的元素组成对于锅炉燃烧没用，这里指的就是煤的水分和灰分。

2）元素分析成分。

①可燃物质见表 4-1。

表 4-1 可燃物质

序号	可燃物质	低位发热量 /kJ·kg^{-1}	含量/%	完全燃烧反应式
1	碳 C	33727	40~70	$C + O_2 = CO_2$
2	氢 H	120×10^3	3~5	$H_2 + \frac{1}{2}O_2 = H_2O$
3	硫 S	9050	1~8	$S + O_2 = SO_2$

②不可燃元素。

氧 O：分为游离态氧和化合态氧，助燃。

氮 N：NO_x，污染。

水分 M（全水分）：表面水分——自然干燥可去除；固有水分——加热至 105℃ 左右可去除。

灰分 A：煤燃烧后形成的残留物 10%~50%，分为内在灰分和外在灰分。

（2）工业分析。元素分析比较复杂，一般企业不能做。而煤又要进行快速分析，以指导运行。所以用比较简单的工业分析。一般每天都要对煤进行工业分析，让运行人员掌握煤种的变化情况，有利于锅炉运行。

步骤：和元素分析相似，也借助于燃烧。把煤样加热，先失去水分，然后隔绝空气继续加热，再失去的是挥发分。剩下的是焦炭（固定碳和灰分之和）。把焦炭燃烧，失去的是固定碳，余下的是灰分。

测定对象：水分 M、挥发分 V、固定碳 F3、灰分 A。

把失去水分的煤在隔绝空气的条件下加热到一定温度时，有机物质会分解成各种气体成分逸出，这些逸出的气体成分统称为挥发分。

挥发分的可燃气体，如氢气、一氧化碳、甲烷、硫化氢及其他碳氢化合物，还有其他少量不可燃的气体，如氧气、氮气、二氧化碳等。

不同煤种挥发分含量和开始析出的温度不同。碳化程度低的煤，挥发分含量多。含挥发分多的煤易着火。

各种煤挥发分开始析出温度如下：

褐煤　　　　130~170℃

烟煤　　　　约190℃

贫煤　　　　约390℃

无烟煤　　　380~400℃

挥发分析出后剩下的固体物质为焦炭，不同煤种焦炭的黏结程度不同，称为焦炭的焦结性。

（3）燃料成分分析数据的基准及换算，如图 4-11 所示。

1）收到基入炉煤 ar。

$$C_{ar} + H_{ar} + O_{ar} + N_{ar} + S_{ar} + A_{ar} + M_{ar} = 100\%$$

$$FC_{ar} + V_{ar} + A_{ar} + M_{ar} = 100\%$$

2）空气干燥基 ad。自然干燥除去外部水分。

3）干燥基 d。除去全部水分。

$$C_{ad} + H_{ad} + O_{ad} + N_{ad} + S_{ad} + A_{ad} = 100\%$$

$$FC_d + V_d + A_d = 100\%$$

4）干燥无灰基 daf。除去全部水分和灰分。

$$C_{daf} + H_{daf} + O_{daf} + N_{daf} + S_{daf} = 100\%$$

$$FC_{daf} + V_{daf} = 100\%$$

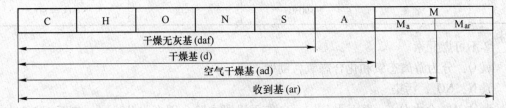

图 4-11　各种基准的关系

4.7.2　煤的主要特性指标（本节内容为初级工要求）

煤的主要特性指标包括煤的发热量、灰的熔融性和煤的可磨性。

4.7.2.1　发热量

单位质量的煤完全燃烧时所放出的热量，用 Q 表示，单位为 kJ/kg。

（1）高位发热量 Q_{ar}：包括水蒸气凝结成水时放出的汽化潜热。

（2）低位发热量 Q_{net}：不包括包括水蒸气凝结成水时放出的汽化潜热。

（3）汽化潜热水变为水蒸气所吸收的热量。

（4）高位发热量与低位发热量的关系为：

$$Q_{daf.\,p} = Q_{net.\,gr.\,p} - 225.9 H_{daf}$$

（5）门捷列夫经验公式计算发热量：

$$Q_{ar.\,gr.\,p} = 339 C_{ar} + 1255 H_{ar} + 109(S_{ar} - O_{ar})$$

$$Q_{ar.\,net.\,p} = 339 C_{ar} + 1060\,H_{ar} + 109(S_{ar} - O_{ar}) - 25.1 M_{ar}$$

4.7.2.2　标准煤

标准煤是指收到基低位发热量为 29270kJ/kg 的煤。非指真实存在的煤。

不同种类的煤发热量不同，引入标准煤，使各发电厂之间或锅炉运行经济性具有可比性、计算煤耗量以及编制用煤计划。

实际煤耗折算为标准煤耗：

$$B_b = \frac{B Q_{ar.\,net.\,p}}{29270} t/h$$

4.7.2.3　折算成分

灰分含量相同、发热量不同的两种煤，在同一负荷下，燃用发热量低的煤，燃煤量大，带主炉内的灰就多，危害就大。为了区分杂质的危害程度，引入折算成分的概念。

煤中杂质：水分、灰分、硫分要折算。

折算水分、灰分、硫分是指对应于 4187kJ/kg 收到基低位发热量的煤所含收到基的水分、灰分、硫分。

$$M_{ar.zs} = \frac{M_{ar}}{Q_{ar.net.p}} \times 4187\%$$

$$A_{ar.zs} = \frac{A_{ar}}{Q_{ar.net.p}} \times 4187\%$$

$$S_{ar.zs} = \frac{S_{ar}}{Q_{ar.net.p}} \times 4187\%$$

当煤中 $M_{ar.zs} > 8\%$ 为高水分煤，$A_{ar.zs} > 4\%$ 为高灰分煤，$S_{ar.zs} > 0.2\%$ 为高硫分煤。

4.7.2.4 灰的熔融性

（1）角锥法测量。

变形温度 DT；

软化温度 ST——灰熔点；

液化温度 FT。

（2）灰熔点低的煤，容易引起受热面结渣。

FT-DT 为 200～400℃ 为长渣，易于在炉膛结渣；100～200℃ 为短渣不易结渣。

一般规定：固态排渣炉，炉膛出口温度低于 ST50～100℃。

（3）影响灰熔点的几个因素如下：

1）灰的成分。碱性氧化物升高灰熔点降低；

2）环境介质性质。还原环境中灰熔点降低；

3）煤中的灰的含量。灰分升高灰熔点降低。

4.7.3 各因素对锅炉工作的影响

4.7.3.1 煤中挥发分对锅炉工作的影响

挥发分含量越多，煤的着火温度低，易着火燃烧。

（1）挥发分多，挥发分挥发使煤的孔隙多，反应表面积大，反应速度加快。

（2）挥发分多，煤中难燃的固定碳含量便少，煤易于燃尽。

（3）挥发分多，挥发分着火燃烧造成高温，有利于碳的着火、燃烧。

4.7.3.2 煤中水分、灰分对锅炉工作的影响

（1）水分、灰分高，煤中可燃成分相对减少，煤的热值低。

（2）水分、灰分高，水分蒸发、灰分熔融均要吸热，炉膛温度降低。

（3）水分、灰分高，增加着火热或包裹碳粒，使煤着火、燃烧与燃尽困难。

（4）水分、灰分高，q_2、q_3、q_4、q_6 增加，效率下降。

（5）水分、灰分高，过热器易超温。

（6）水分、灰分高，受热面腐蚀、堵灰、结渣及磨损加重。

（7）水分、灰分高，煤粉制备困难或增加能耗。

4.7.3.3　煤中 C、S、ST 对锅炉工作的影响

（1）含碳量 C。碳含量高，热值高；但不易着火、燃烧。

（2）硫分 S。可燃硫的热值低，含量少，对煤的着火、燃烧无明显影响；易造成受热面的堵灰，高、低温腐蚀；形成酸雨，污染环境；燃料中的硫化铁加剧磨煤部件的磨损。

（3）灰熔点（ST）。灰分在熔融状态下黏结在锅炉受热面上造成结渣，危及锅炉运行的安全性和经济性。

对于固态排渣炉，ST < 1350℃ 可能结渣。

4.7.4　煤的分类

我国煤的主要分类指标：干燥无灰基挥发分 V_{daf} 含量。

煤可分为三大类：

（1）褐煤（$V_{daf} > 37\%$）。

（2）烟煤（$V_{daf} > 10\%$）。

（3）无烟煤（$V_{daf} \leqslant 10\%$）。

为反映煤的燃烧特性，电厂煤粉锅炉用煤还以收到基低位发热量 $Q_{ar.net}$、收到基水分、干燥基灰分、干燥基硫分及灰的熔融特性 DT、ST、FT 作为参考指标。

无烟煤：碳化程度高，含碳量很高，达 95%，杂质很少，发热量很高，约为 25000 ~ 32500kJ/kg；挥发分很少，质量分数小于 10%，V_{daf} 析出的温度较高，着火和燃尽均较困难，储存时不易自燃。

褐煤：碳化程度低，含碳量低，质量分数约为 40% ~ 50%，水分及灰分很高，发热量低，约 10000 ~ 21000kJ/kg；挥发分含量高，质量分数约 40% ~ 50%，甚至 60%，挥发分的析出温度低，着火及燃烧均较容易。

烟煤：碳化程度次于无烟煤，含碳量较高，质量分数一般为 40% ~ 60%，杂质少，发热量较高，约为 20000 ~ 30000kJ/kg；挥发分含量较高，质量分数约 10% ~ 45%，着火及燃烧均较容易。

4.7.5　液体和气体燃料

4.7.5.1　液体燃料

（1）黏度、流动性。

（2）凝固性、流动性。

（3）闪点、燃点安全性。

（4）密度。

（5）发热量。

4.7.5.2　气体燃料

（1）高炉煤气。

（2）焦炉煤气。

（3）人工煤气。

（4）余热发电发生炉煤气。

（5）天然气。

4.7.6 蔗渣

蔗渣是甘蔗糖厂的副产品，可用作锅炉燃料，是含水分较高的一种低热值燃料。但其灰分质量分数一般只有2%，发火温度约在360~400℃，与劣质煤（灰分质量分数一般高达30%~50%，发火温度500~600℃）相比，灰渣量相差15~25倍，发火温度低140~200℃，故蔗渣作为甘蔗糖厂锅炉燃料燃烧条件比较优越。蔗渣低位发热量见表4-2。

表4-2　蔗渣低位发热量表

发热量/kcal·kg⁻¹ (4.1868kJ·kg⁻¹) \ 蔗渣水分/%		40	41	42	43	44	45	46	47	48	49	50
0	a	2326	2277	2228	2179	2131	2082	2033	1984	1935	1887	1838
	b	3876	3859	3842	3823	3805	3785	3765	3744	3722	3700	3676
1	a	2321	2272	2223	2175	2126	2077	2028	1980	1931	1882	1833
	b	3874	3857	3840	3822	3803	3783	3763	3742	3720	3697	3674
2	a	2316	2267	2218	2179	2121	2072	2023	1975	1926	1877	1828
	b	3873	3856	3838	3820	3801	3781	3761	3740	3718	3695	3671
3	a	2311	2262	2213	2165	2116	2067	2019	1970	1921	1872	1823
	b	3871	3854	3836	3818	3799	3779	3759	3738	3715	3993	3669
4	a	2306	2257	2208	2160	2111	2062	2014	1965	1916	1867	1818
	b	3869	3852	3834	3816	3797	3777	3757	3735	3713	3690	3666
5	a	2301	2252	2204	2155	2106	2057	2009	1960	1911	1862	1814
	b	3868	3850	3833	3814	3795	3775	3755	3733	3711	3688	3664
6	a	2296	2248	2199	2150	2101	2053	2004	1955	1906	1858	1809
	b	3866	3859	3831	3812	3793	3773	3752	3731	3709	3686	3661
7	a	2291	2243	2194	2145	2096	2048	1999	1950	1901	1853	1804
	b	3864	3847	3829	3810	3791	3771	3750	3729	3706	3683	3659
8	a	2286	2238	2189	2140	2092	2043	1994	1945	1896	1848	1799
	b	3862	3845	3827	3808	3789	3769	3748	3727	3704	3681	3656
9	a	2282	2233	2184	2135	2087	2038	1989	1940	1892	1843	1794
	b	3861	3843	3825	3806	3787	3767	3746	3724	3702	3678	3654

燃料种类：蔗髓、蔗渣，成分：$C_y = 24.7\%$，$N_y = 0.1\%$，$W_y = 48\%$，$H_y = 3.1\%$，$S_y = 0\%$，$V_y = 44.4\%$，$O_y = 23\%$，$A_y = 1.1\%$，$Q_{ydw} = 7980kJ/kg$。

蔗渣燃料特点：

（1）蔗渣比较轻，且粗细很不均匀，要想使其在炉膛内完全燃烧，其火焰行程要求较长，一般达10m以上。

（2）要满足蔗渣在炉膛内的火焰行程，蔗渣在炉膛内要有足够的时间才能达到，否则尚未完全燃烧的蔗渣一进入对流受热面就没有烧尽的可能。

（3）由于蔗渣热值低，锅炉运行要达到同等的蒸发量，其蔗渣燃料消耗量要比烧煤的消耗量增多，故蔗渣燃烧时需要的空气量和产生的烟气量增多，运行中调节控制的炉膛负压也比烧煤调节要高。

（4）要有较高的炉膛温度（一般在800～900℃）。炉膛温度高，送入蔗渣喷燃器根部或补充进入的蔗渣二次风温度高，使高水分的蔗渣进入炉内迅速蒸发，干燥。着火点可提前，从而有利于蔗渣的迅速燃烧。

4.7.7　燃料燃烧

燃烧是一种发光、发热的剧烈化学反应。煤的燃烧一般要经过4个阶段，并需要4个条件，才能达到迅速完全燃烧。

4.7.7.1　煤的燃烧过程

首先是经过预热干燥，水分蒸发阶段，当加热温度达到100～105℃时，煤的水分全部蒸发完。其次是挥发分的着火燃烧阶段，当加热温度超过105℃时，煤中的可燃气体开始析出，随着温度的升高，其析出量增大，当挥发分的浓度和温度一定高时，煤开始着火燃烧，一般烟煤的着火温度在200℃左右，随着炉温的升高，固定碳开始着火燃烧。当温度达到800℃以上时，开始进入固定碳的猛烈燃烧阶段，并放出大量的热。随着固定碳的大量燃烧，煤进入灰渣形成阶段。以上两个阶段在炉内是连续和交错进行的，由于锅炉燃烧方式的不同，有的比较明显，有的不明显，但理论上必须经过4个阶段。

4.7.7.2　煤完全燃烧应具备的条件

（1）适当的温度。煤要达到一定的温度才能着火燃烧，温度越高，碳和氧的化合速度越快，燃烧越剧烈。一般层燃炉炉膛温度要求在1000～1300℃，煤粉炉在1300℃以上，流化床锅炉在850～950℃之间。

（2）足够的空气。煤的燃烧是碳与氧的化学作用，仅有碳是不能燃烧的，如果氧气不足会出现以下两种情况：1）生成大量的CO气体；2）形成燃烧不透的焦炭。燃烧的氧气从空气中来，因此应向燃烧提供足够的空气量。

（3）空气与燃料的良好混合。在燃烧过程中，碳与氧的接触面积越大，燃烧越快，空气冲刷表面的速度越快，碳表面的灰层越易剥落，燃烧也越剧烈。如燃烧速度慢，则说明燃烧需要的时间较长，实际燃烧时，有可能来不及烧完就被带出炉外。

（4）足够的燃烧时间。煤的燃烧是一个化学反应过程，要完成这一过程，需要一定的时间。为此，要保证煤在炉内能完全燃烧，就必须满足燃烧所需的时间，如适当延长燃料在炉膛内的停留时间和加快燃烧反应的速度，使燃料完全迅速燃烧。

4.7.7.3　燃烧产物及通风

燃料燃烧会生成大量的烟气，由于煤是在与外界隔离的锅炉燃烧室内燃烧的，因此，必须保证锅炉有较好的通风条件，燃烧才能连续进行。

（1）燃烧产物烟气。煤在燃烧过程中，会生成大量的CO_2、SO_2、水蒸气和氮氧化合物混合气体，即烟气。1kg 煤完全燃烧后，会形成 $10m^3$ 左右烟气。煤在燃烧时，很快就会被这些不能燃烧的烟气所包围，如果不及时将烟气抽走，燃烧所需要的空气就补充不进去，燃料就会因缺氧而中断燃烧，为此，锅炉需要进行通风。

（2）锅炉通风。锅炉通风分为自然通风和机械通风两种。依靠烟囱自身的抽力进行的通风方式称为自然通风；靠烟囱的抽力加上风机的抽力进行的通风方式称为机械通风。容量稍大的锅炉都布置有送风机和引风机帮助通风。送风机的作用是用来克服风道、风室、布风板及燃料的阻力，连续不断地向炉内燃烧供给空气量。引风机的作用是克服烟道的阻力，连续不断地向炉外排除烟气，以保证燃烧正常进行。

4.7.8　锅炉热平衡及热平衡方程

锅炉热平衡是以 1kg 固体燃料或液体燃料（气体燃料以 $1m^3$）为单位组成热量平衡的。

锅炉热平衡的公式可写为：

$$Q_r = Q_1 + Q_2 + Q_3 + Q_4 + Q_5 + Q_6 \tag{3-1}$$

式中　Q_r——每公斤燃料带入锅炉的热量，kJ/kg；

Q_1——锅炉有效利用热量 kJ/kg；

Q_2——排出烟气带走的热量，称为锅炉排烟热损失，kJ/kg；

Q_3——未燃完可燃气体所带走的热量，称为气体不完全燃烧热损失（化学不完全烧热损失），kJ/kg；

Q_4——未燃完的固体燃料所带走的热量，称为固体不完全燃烧热损失（机械不完全燃烧热损失），kJ/kg；

Q_5——锅炉散热损失，kJ/kg；

Q_6——灰渣物理热损失及其他热损失，kJ/kg。

如果在等式（3-1）两边分别除以 Q_r，则锅炉热平衡就以带入热量的百分数来表示，即：

$$100 = q_1 + q_2 + q_3 + q_4 + q_5 + q_6$$

4.7.9　锅炉热效率

（1）锅炉正平衡热效率：

$$\eta_{gl} = \frac{Q_1}{Q_r} \times 100\%$$

（2）锅炉反平衡热效率：

$$\eta_{gl} = \frac{Q_1}{Q_r} \times 100\% = q_1 = 100 - (q_2 + q_3 + q_4 + q_5 + q_6)\%$$

锅炉正平衡只能求得锅炉的热效率，不能据此研究和分析影响锅炉热效率的种种因素，以寻求提高热效率的途径。而反平衡则是依据对各种热损失的测定来计算其锅炉热效率。

对小型锅炉而言，一般以正平衡为主，反平衡为辅。对于大型锅炉，由于不易准确测定燃料消耗量，其锅炉热平衡主要靠反平衡求得。

热平衡试验在精度上有一定要求：

1）只进行正平衡试验，要求应进行两次测试偏差在 4% 以内。

2）同时进行正、反平衡试验时，两种方法测试偏差应在 5% 以内。

3）只以反平衡法进行测定时，两次测试偏差应在 6% 以内。

（3）锅炉的毛效率及净效率：

1）锅炉的毛效率 η_{gl} ——通常所指的锅炉效率都是毛效率。

2）锅炉的净效率 η_j ——在毛效率基础上扣除锅炉自用汽和电能消耗后的效率。

4.7.10　锅炉各项热损失的概念及分析

4.7.10.1　排烟热损失 q_2

排烟热损失 q_2 是指烟气离开锅炉排入大气所带气的热量损失。它是锅炉各项热损失中最大的一项。影响排烟热损失的主要因素有：一是排烟温度，二是排烟容积或过剩空气系数，排烟温度越高，排烟容积或过剩空气系数越大，则排烟热损失就越大。

为了降低排烟温度，以节约燃料，提高锅炉热效率，现代锅炉都采取增加尾部受热面来降低排烟热损失，如增设省煤器和空气预热器来吸收热量，降低排烟温度。但增加尾部受热面也有一定的限度，一方面要考虑降低排烟热损失的受益和增加受热面的设备投资、金属耗用量等是否合算，同时还要考虑增加受热面又增加了烟气侧的流动阻力，运行费用增加。另外还要考虑排烟温度也不能降得过低，否则会使烟气中的水蒸气结露导致尾部受热面的酸性腐蚀。因此，必须综合考虑各方面的因素来决定排烟温度。正在使用中的锅炉应该在调整燃烧工况正常稳定为前提尽量把排烟温度调整到设计数值范围内。

影响排烟热损失的另一个重要因素是排烟容积。在排烟温度为常数时，排烟容积越大，排烟热损失就越大。在锅炉运行中调整燃烧时应尽量降低炉膛过剩空气系数，减少烟道各处漏风。但应特别注意，当炉内过剩空气系数过低时，气体和固体不完全燃烧热损失 q_3、q_4 会有所增大。所以炉内最佳的过剩空气系数应该是 $q_2 + q_3 + q_4$ 达到最小值时为原则选取。

锅炉在运行中，受热面积灰、结焦会使传热减弱，吸热量减少引起排烟温度升高，造成排烟热损 q_2 增加。因此，运行中应及时吹灰除焦，保持受热面清洁，以降低排烟热损失。锅炉运行中，炉膛、烟道漏风，会使排烟容积增大，增加排烟热损失。因此，应提高检修质量，保持炉膛、烟道不漏风，炉膛燃烧应保持一定的负压，减少冷空气漏入炉膛，以降低 q_2。

4.7.10.2　化学不完全燃烧热损失 q_3

化学不完全燃烧热损失 q_3 又称可燃气体不完全燃烧热损失，是指燃烧过程中产生的可燃气体，如 CO、H_2、CH_4 等，未能完全燃烧而随烟气排出炉外所造成的损失。各种锅炉形式不同，q_3 是不一样的，如煤粉炉一般小于 0.5%，燃油炉设为 1%~3%，蔗渣炉为

$1.5\% \sim 3\%$。

影响 q_3 的主要因素有过剩空气系数 α、燃料挥发出的含量、炉膛温度和炉内空气动力工况等。

α 对 q_3 的影响很大，α 太小，将使燃料燃烧得不到足够的空气而使 q_3 增加，如 α 增大，则炉膛温度降低，排烟量增大，q_2 增大，q_3 也增大。锅炉运行中，保持较高的炉膛温度，并组织好炉内空气动力工况，使燃料与空气得到充分的混合接触，可使燃烧完全，q_3 减少。

4.7.10.3 机械不完全燃烧损失 q_4

机械不完全燃烧损失又称灰渣不完全燃烧热损失。它是由于飞灰和炉渣中的残碳造成的。对于煤粉炉，它是部分固体可燃物（未燃尽的残碳）随飞灰和炉渣一同排出炉外而造成的。q_4 是热损失中的主要损失项目之一，其损失值仅次于 q_2。对于固态排渣煤粉炉，q_4 约为 $1\% \sim 5\%$，层燃炉一般在 $5\% \sim 15\%$。而油炉可忽略不计。

影响 q_4 的主要因素有燃料性质、燃烧方式、炉膛结构、锅炉负荷及运行操作水平等。对于室燃炉，因飞灰占燃料总灰量的百分比大，所以 q_4 占主要成分煤中所含的灰分和水分越少，挥发分越多，煤粉越细，则 q_4 越小。

另外，若炉膛及喷燃器结构合理，煤粉在炉内有足够的停留时间，气粉混合接触良好，又能保持适当的 α，足够的炉膛温度，则 q_4 就越少。

4.7.10.4 散热损失 q_5

q_5 是由于锅炉运行中，锅炉内部各处的温度均高于外部温度，其外部温度又远高于周围空气的温度，因此有一部分热量就要散出到空气中，造成锅炉散热损失。

影响 q_5 的主要因素是锅炉容量、负荷、锅炉外表面积、周围空气温度、炉渣结构等。

显然，锅炉外表面积小，保温完善，q_5 就小。周围温度低时 q_5 就大，大容量锅炉其相对于每 kg 蒸发量来说外表面积较小，因此 q_5 小。同一台锅炉高负荷时 q_5 小，低负荷时 q_5 大。

4.7.10.5 灰渣物理热损失 q_6

锅炉炉渣带出的热量形成灰渣物理热损失 q_6。影响 q_6 的因素主要有排渣量和排渣温度。排渣量与燃料灰分和燃烧方式有关，而排渣温度则与排渣方式有关。层燃炉排渣量大，液气排渣炉排渣温度高。对固态排渣炉来说，只有当燃料灰分很大时才考虑此项损失，循环流化床锅炉较为特殊，要考虑排渣方式，即是否采用冷渣器对灰渣物理热损失有较大影响。

课题 4.8 实训锅炉运行操作

4.8.1 定期排污

定期排污操作见表4-3。

表4-3　定期排污操作

序号	操作项目	操作图解	操作步骤	操作基准
1	准备工作		（1）班长通知运行人员进行定期排污； （2）排污人员穿戴好劳保、防护用品，戴好安全帽； （3）检查水位计水位； （4）准备好排污工具	（1）排污必须在汽压稳定情况下进行； （2）排污时汽包水位应稍高于正常水位； （3）排污应用专门扳手，禁用其他工具
2	开启排污总门	 排污总门	开定期排污总门	（1）禁止两台炉同时排污； （2）定期排污扩容器和管路截门有缺陷时禁止进行排污； （3）排污过程中，如果锅炉发生事故（满水、汽水共腾除外），应该立即停止排污
3	开启一次门	 先开一次门	按顺序进行各下联箱排污，先开启一根排污管的一次门	少量开启，如无异常全开一次门

续表4-3

序号	操作项目	操作图解	操作步骤	操作基准
4	开启二次门	再开二次门	缓慢开启二次门	（1）开启二次门1/3圈； （2）排污应缓慢，防止发生水冲击，如管道发生水冲击或振动严重时，必须关小或全关排污门，水冲击消除后，再进行排污； （3）全开后排污时间不宜超过0.5min
5	关闭二次门	先关二次门	关闭二次门	按照先开后关的原则
6	关闭一次门	再关一次门	关闭一次门	按照先开后关的原则

序号	操作项目	操作图解	操作步骤	操作基准
7	按顺序排污		重复 3 ~ 6 步骤，完成 8 根排污管的排污工作	
8	检查阀门		排污后应对各排污门进行检查	防止阀门忘关或未关严
9	关闭排污总阀	关闭总阀门	关闭排污总阀	（1）排污结束；（2）向班长汇报并记录在运行记录表上

4.8.2　冲洗水位计

冲洗水位计操作见表 4-4。

表 4-4　冲洗水位计操作

序号	操作项目	操作图解	操作步骤	操作基准
1	开放水门	汽侧一次门 汽侧二次门 水侧一次门 水侧二次门 放水门	开启放水门，冲洗汽管、水管及玻璃管	缓慢开启阀门
2	关水门	汽侧一次门 汽侧二次门 水侧一次门 水侧二次门 放水门	关水侧门，冲洗汽管及玻璃管	（1）缓慢关闭； （2）冲洗时间不超过1min

序号	操作项目	操 作 图 解	操作步骤	操作基准
3	冲洗水管及玻璃管	汽侧一次门　汽侧二次门　水侧一次门　水侧二次门　放水门	开水门,关汽门,冲洗水管及玻璃管	(1)缓慢开启; (2)开启时间不超过1min
4	恢复运行	汽侧一次门　汽侧二次门　水侧一次门　水侧二次门　放水门	开汽门,关放水门,恢复水位计运行	(1)缓慢开启; (2)水位计有水位出现

序号	操作项目	操 作 图 解	操 作 步 骤	操 作 基 准
5	水位计对照		水位计冲洗恢复后对照两只水位计的水位指示相符合	（1）有轻微波动现象，否则应重新冲洗； （2）两水位计水位指示一致

4.8.3　运行中的调整任务

运行中的调整任务见表 4-5。

表 4-5　运行中的调整任务

序号	操作项目	操 作 图 解	操 作 步 骤	操 作 基 准
1	蒸汽量		保持锅炉的蒸发量符合规定的负荷曲线	满负荷蒸汽量不大于 75t/h

序号	操作项目	操作图解	操作步骤	操作基准
2	水位		均衡进水，保持正常水位	水位控制在 ±50mm
3	燃烧调整		维持正常的床温、风室压力和汽温、汽压	（1）床温850～950℃； （2）床压 7～12kPa； （3）汽温435±20℃； （4）汽压 3.52±0.30MPa
4	蒸汽品质		保证蒸汽品质合格	符合蒸汽品质管理参数

续表4-5

序号	操作项目	操作图解	操作步骤	操作基准
5	安全及经济运行		保证锅炉运行的安全性及经济性	（1）锅炉含氧量5%～8%（质量分数）； （2）飞灰含碳量<3%（质量分数）； （3）炉渣含碳量<3%（质量分数）
6	大气污染物排放		控制排放，符合环保要求	（1）锅炉 NO_x 排放<250mg/m³； （2）烟汽烟尘<100mg/m³； （3）SO_2 排放<800mg/m³

4.8.4　锅炉增减负荷（汽压）

锅炉增减负荷操作见表4-6。

表4-6　锅炉增减负荷

序号	操作项目	操作图解	操作步骤	操作基准
1	增加引风量		点击增大引风机入口调节门开度，增加引风量	（1）少量增加引风量； （2）炉膛负压变大； （3）调整炉膛负压在 −50～−80Pa 之间

序号	操作项目	操 作 图 解	操 作 步 骤	操 作 基 准
2	增加一次风量		点击增大一次风机入口调节门开度，增加一次风量	（1）少量增加一次风量； （2）风室压力增加； （3）每次增加1%
3	增加给煤量		点击给煤机变频调节器	提高运行中两台给煤机的转速，达到增加煤量的目的
4	调整二次风量		点击增大一次风机入口调节门开度，增加一次风量	（1）增加二次风量； （2）烟气含氧量控制在 5%～8%（质量分数）
5	重复调节		负荷增加较大时，重复前 1～4 项操作	（1）增加蒸汽量或主汽压力，以适应生产需求； （2）蒸汽量75t/h； （3）主汽压力3.52±0.30MPa； （4）炉膛负压在调整过程中不能变正压

序号	操作项目	操作图解	操作步骤	操作基准
6	锅炉降负荷（汽压）	次风热器 41826.3 m³/h 8.87kPa 25.19A 二次风机 215.3℃ -2.72kPa 100% 次风热器 52046.1 m³/h 14.12kPa 49.04A 一次风机 165.2℃ -3.08kPa 70% 除尘器 165.2℃ 165.2℃ 37% 75.99A 引风机 -4.20kPa	按与 1~5 项操作相反顺序降低锅炉负荷	减少蒸汽量或降低汽压，以适应生产需求

模块 5　锅炉事故处理

课题 5.1　概　　述

锅炉是在高温高压的不利工作条件下运行的，操作不当或设备存在缺陷都可能造成爆破或爆炸事故。锅炉的部件较多，体积较大，有汽、水、风、烟等复杂系统，如运行管理不善，则燃烧、附件及管道阀门等都随时可能发生故障，而被迫停运行。

锅炉的爆破爆炸事故，常常是造成设备、厂房毁坏和人身伤亡的灾难性事故。锅炉机组停止运行，使蒸汽动力突然切断，则会造成停产停工的后果。这些事故的发生，会给国民经济和人民生命安全带来巨大损失。所以，防止锅炉事故的发生，具有十分重要的意义。

按照旧标准，根据事故严重程度的不同，通常将锅炉事故分为以下三类：

（1）爆炸事故。锅炉主要受压元件——锅筒（锅壳）、炉胆、管板、下脚圈及集箱等发生较大尺寸的破裂，瞬时释放大量介质和能量，造成爆炸。

（2）重大事故。锅炉部件或元件严重损坏，被迫停止运行进行修理的事故，即强制停炉事故。这类事故有多种，不仅影响生产和生活，也会造成人员伤亡。

（3）一般事故。锅炉运行中发生故障或损坏，但情况不严重，不需要立即停止运行。

一般来说，锅炉爆炸的原因有超压、超温、腐蚀磨损、裂纹起槽和先天性缺陷。锅炉发生爆炸事故时，由于锅筒破裂，锅筒内储存着几吨、甚至几十吨有压力的饱和水及气瞬时释放巨大能量的过程。

锅炉爆炸所产生的灾害主要有两方面：一是锅筒内水和汽的膨胀所释放的能量；二是锅内的高压蒸汽以及部分饱和水迅速蒸发而产生大量蒸汽向四围扩散所引起的灾害。爆炸时饱和水所释放的能量要比饱和蒸汽的能量大得多，粗略计算时，后者常可以忽略不计。锅炉爆炸时所释放的能量除了很小一部分消耗在把锅炉的碎块或整体抛离原地以外（常常是仅需其爆炸能量的 1/10 左右即可把锅炉抛出百余米），其余大部分将产生冲击波在空气中传播，破坏周围的建筑物。锅炉爆炸时，锅筒等的撕裂也消耗一部分能量，但很小，可以忽略不计。一台水容积 $25m^3$、压力 0.8MPa 的小型锅炉发生爆炸，其破坏力相当于 99kg TNT，锅炉爆炸事故多发生在小容量锅炉，但很多时候，锅炉爆炸的破坏力是毁灭性的。

锅炉重大事故在锅炉运行中比较常见，事故判断处理大体上能够反映司炉工的操作水平。

当然，目前可以按《中华人民共和国特种设备安全法》对锅炉压力容器事故进行分类，此处不详述。

5.1.1　事故处理原则

（1）任何时候都要把人放在第一位，出于职责所在，司炉人员更需把别人的人身安全放在第一位。

（2）事故处理时要遵循保护更重要设备的原则。

（3）事故应急预案是锅炉运行人员预防和处理事故的指南，所有锅炉运行人员和技术员皆须通晓，每个运行人员均须明确自己在发生事故时所担负的责任，运行组长应领导指挥和监督所有人员按照预案的规定正确处理事故。

（4）发生事故时，运行人员保持镇定和听从指挥是处理好事故的关键，若处理事故过程中情况发生变化或不正常时，应按上级的命令进行处理。

（5）在事故情况下进行联系时，发话人必须简明扼要、清楚，讲完后要求受话人复诵一次，受话人在执行命令后及时向发令人汇报，非专责人员不得进行联系工作，影响事故处理的人员要退出现场。

（6）在处理事故中不得进行交接班，此时接班人员可在交班人员领导下，协助处理事故。

（7）当锅炉机组发生任何异常和事故时，事后应组织讨论、分析，找出发生原因及防止对策，必要时组织反事故演习，以防发生类似事故。

（8）对事故规程不熟悉或考试不合格者，不许担任主操。

5.1.2　锅炉常见事故分类

通常把锅炉运行中的常见重大事故分为水位事故、爆管事故、燃烧事故和其他事故。水位事故又分为满水事故、缺水事故和汽水共腾事故；爆管事故通常按锅炉受热面来分，这里所说的爆管，其实包含了受热面管泄漏，虽然管子发生泄漏和爆管的现象是有所不同的，但并没有本质区别，只有数量上的不同，所以本书统一把受热面管故障合起来。燃烧事故通常可以分为灭火事故、炉膛爆燃、烟道二次燃烧等事故。

5.1.3　停炉条件

按《蒸汽锅炉安全技术监察规程》，以下几种情形必须停炉：

（1）锅炉水位低于水位表最低可见边缘。

（2）不断加大给水和采取其他措施，水位仍不断下降。

（3）锅炉满水，超过汽包水位计上部可见边缘，经放水后仍看不见水位。

（4）燃烧设备损坏，炉墙发生裂纹而有倒塌危险或构架烧红等，严重威胁锅炉安全运行。

（5）锅炉元件损坏，危及运行人员安全时。

（6）水位计或安全阀全部失效时。

（7）给水泵全部失效或给水系统故障，不能向锅炉进水时。

（8）设置在汽空间的压力表全部失效时。

（9）其他异常情况，危及锅炉安全运行时。

5.1.4　紧急停炉

紧急停炉的一般步骤为：

（1）立即停止向燃烧室供应燃料（停止全部给粉机或将全部重油喷燃器解列，停止制粉系统的运行）。

（2）停止送风机，约 5min 后再停引风机。当发生炉管爆破时，应保持一台引风机继续运行，以排除蒸汽和余烟，但若发生烟道再燃烧时，则应立即停止送风机、引风机的运行，并关闭有关烟风挡板，密闭炉膛。

（3）关闭锅炉主汽阀门（隔绝门）。若汽压升高，应适当开启过热器出口疏水阀门或向空排汽阀门。

（4）除发生严重缺水和满水事故外，一般应继续向锅炉供水，以维持正常的水位。若发生水冷壁管爆破不能维持正常水位时，在不影响运行锅炉正常供水情况下，可保持适当的进水量，如影响运行锅炉正常供水，使给水母管压力降低时，应停止故障炉进水。

（5）关闭锅炉给水阀门后，应开启省煤器再循环阀门（水冷壁和省煤器管爆破时除外）。紧急停炉后，应加强对汽压和水位的监视与调节。由于紧急停炉时故障锅炉的负荷迅速降低，应注意及时正确地调节给水量，以保持水位的正常。

课题 5.2　水 位 事 故

本节重点讨论三种水位事故，即满水事故、缺水事故和汽水共腾事故。

所谓满水事故，指的是汽包水位高于汽包水位计最高安全水位，满水事故分为轻微满水和严重满水；缺水事故指的是汽包水位低于水位计最低安全水位，缺水事故又分为轻微缺水和严重缺水。应根据规程和水位计说明书区分好中水位、运行水位、报警水位、最高安全水位、最低安全水位以及水位计的最高最低可见边缘。明确区分后在事故处理时能够做到有的放矢。

轻微缺水和严重缺水的区别只在于汽包水位是否低于水位计水连管（见图 5-1），据此，可以通过"叫水法"判断轻微缺水和严重缺水。

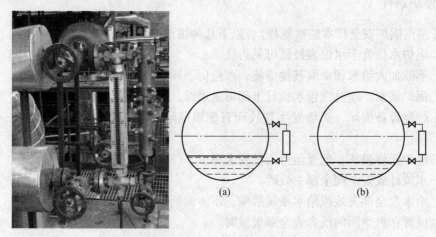

图 5-1　轻微缺水和严重缺水的区别

(a) 轻微缺水；(b) 严重缺水

同理，轻微满水和严重满水的区别在于汽包水位是否（稍微）高于汽连通管，同样可以通过"叫水法"区分轻微满水和严重满水。

　　汽包内蒸汽和锅水共同升腾，产生泡沫，汽水界限模糊不清，使蒸汽大量带水的现象，称为汽水共腾。汽水共腾时水位表内水位剧烈波动，很难监视。此时，蒸汽品质急剧恶化，使过热器积垢过热，降低传热效果，严重时会发生爆管事故。

　　水位事故判断及处理见表 5-1。

表 5-1　水位事故判断及处理一览表

项目		缺水事故	满水事故	汽水共腾
现象	1	水位低于最低安全水位线或看不见水位	水位高于最高安全水位线或看不见水位	水位剧烈波动，甚至看不清水位
	2	水位警报器发出低水位警报信号	水位警报器发出高水位报警信号	—
	3	给水流量不正常地小于蒸汽流量（炉管省煤器管爆破时则相反）	给水流量不正常地大于蒸汽流量	—
	4	过热蒸汽温度明显升高	过热蒸汽温度明显下降，蒸汽含盐量增大	过热蒸汽温度明显下降，蒸汽含盐量迅速增大
	5	严重时可闻到焦味	严重时，蒸汽管道内发生水冲击，法兰处冒汽、水	蒸汽管道内发生水冲击；法兰处冒汽、水
原因	1	运行人员疏忽大意或对水位误判断	运行人员疏忽大意或对水位误判断	锅水质量不合格，有油污或含盐浓度大
	2	水位报警或自动给水装置失灵	水位报警或自动给水装置失灵	—
	3	给水系统故障，给水压力突降或抢水	给水压力突然升高	—
	4	锅炉负荷骤减	锅炉负荷骤增	并汽过快，或并汽锅炉的汽压高于母管内的汽压，使锅内蒸汽大量涌出
	5	炉管或省煤器破裂	—	严重超负荷运行
	6	锅炉排污量过大，排污系统泄漏	—	连排不足，定期排污间隔时间过长，排污量过少
处理		（1）汽包水位低于正常水位时（一般为 -50mm），采取下列措施：1）水位计对照和冲洗。2）手动加强给水，注意给水压力。3）如果能维持水位时则应进行全面检查，无异则应恢复。4）如水位继续下降，降低锅炉负荷，立即向上级汇报。 （2）水位消失时，紧急停炉、解列，关闭给水阀。1）迅速叫水。2）确认为轻微缺水，上水恢复水位。3）确认为严重缺水，严禁向锅炉上水。冷却后对受热面进行检验，不合格必须更换	（1）汽包水位超过正常水位时（一般为 +50mm），应采取下列措施：1）水位计对照和冲洗。2）手动减少给水，注意给水压力。3）如水位继续升高，开启事故（紧急）放水阀或间断开启定期排污阀，并注意监视蒸汽温度。 （2）如果水位高于水位上部可见边缘时：1）紧急停炉、解列。2）关闭锅炉给水，开启再循环，适当开启对空排汽门。3）加强锅炉放水，放至点火水位。4）查明事故原因并消除后，方可重新点炉	（1）减弱燃烧，减小锅炉蒸发量，并关小主汽阀，降低负荷。 （2）完全开启上锅筒的表面排污阀，并适当开启锅炉下部的定期排污阀，同时加强给水，保持正常水位。 （3）开启过热器，蒸汽管路和分汽缸门上的疏水阀门。 （4）增加对锅水的分析次数，及时指导排污，降低锅水含盐量。 （5）锅炉不要超负荷运行。 （6）处理后冲洗水位计

项目	缺水事故	满水事故	汽水共腾
预防措施	（1）司炉人员要严密监视水位，不能疏忽大意。 （2）定期冲洗汽包水位计，维护好各水位计并全部投用。 （3）维护好给水自动装置和联动装置及高低水位报警器，使其灵敏可靠。 （4）定期巡检，及时发现及消除给水设备故障。 （5）锅炉负荷波动时，应加强对水位的监视	（1）司炉人员要严密监视水位，不能疏忽大意。 （2）定期冲洗汽包水位计，维护好各水位计并全部投用。 （3）维护好给水自动装置和联动装置及高低水位报警器，使其灵敏可靠。 （4）锅炉负荷波动时，应加强对水位的监视	（1）加强锅炉水质管理。 （2）同炉人员严密监视水位，不能疏忽大意。 （3）定期冲洗、校核水位计。 （4）锅炉负荷波动时，加强对水位的监视

事故处理中需注意以下几个方面：

（1）虽然目前司炉人员大多监视的是水位二次表，但水位二次表水位仍以一次表（见图 5-2），即汽包两侧的玻璃板（管）水位计为准，运行中要定期冲洗和校核汽包水位计，确保水位计汽连通管和水连通管不出现堵塞，同时某些情况下可以排出水位计的积水，不至于造成误判断。汽包水位的要求如图 5-3 所示。

（2）事故现象并非同时出现，而是随着事故严重程度上升或改变先后出现，现场很多时候根据一两个关键现象即可判断出事故。

（3）水位在水位计消失后，不能用叫水法判断是否应该停炉，但停炉后可以用叫水法判断缺满水的程度，作为锅炉何时恢复运行的依据。

图 5-2　汽包水位计

（4）叫水法操作，包括水位不明时叫水法的操作，原理都是对水位计上 3 种阀门操作，判断水位相对于汽连管和水连管的位置，其中一种叫水法操作介绍如下：

1）缓慢开启放水门，注意观察水位，水位计中有水位线下降，表示轻微满水。

2）若不见水位，关闭汽门，使水部分得到冲洗。

3）缓慢关闭放水门，注意观察水位，水位计中有水位线上升，表示轻微缺水。

4）如仍不见水位，关闭，再开启放水门，水位计中有水位线下降，表示严重满水；无水位线出现，则表示严重缺水。查明后，将水位计恢复运行，接前述有关规定进行处理。

其他叫水法比较容易，此处不再介绍。

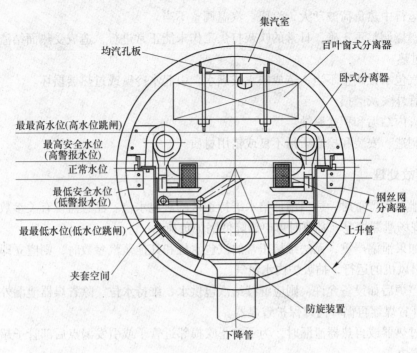

图 5-3 汽包水位要求

课题 5.3 爆 管 事 故

爆管事故一般指水冷壁爆管（见图 5-4）、过热器爆管、省煤器爆管、再热器爆管，合称"四管"爆管事故。

5.3.1 事故现象

（1）给水流量不正常地大于蒸汽流量（过热器为蒸汽流量不正常地小于给水流量）。

（2）汽包水位下降、主蒸汽压力下降（不同管爆的影响有差异）。

（3）烟道两侧烟温偏差增大，泄漏侧烟温降低。

（4）炉膛负压变正，燃烧不稳，水冷壁爆管严重时甚至会造成灭火。

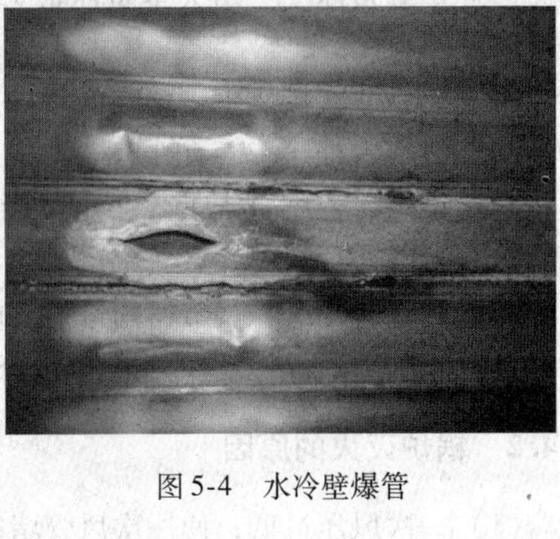

图 5-4 水冷壁爆管

（5）排烟温度降低，蒸汽温度不稳定，引风机电流增大。

（6）现场检查有刺汽声，严重时向外喷烟、汽。

（7）省煤器爆管时在烟道底部有水携带湿灰流出；水冷壁灰渣斗有湿灰。

5.3.2 事故原因

（1）启停炉操作不当，造成部分管子局部超温或冷却过快热应力大。

（2）运行中热负荷波动大，汽压、汽温调整不当。

（3）燃烧调整不正确，日常的吹灰打焦工作未能正常进行，造成受热面结渣破坏水循环或局部过热。

（4）汽包水位调整不当，造成缺水或满水，引起水冷壁或过热器损坏。

（5）管外飞灰磨损。

（6）管内结垢和积盐腐蚀。

（7）制造、安装和检修质量不良或错用材质。

5.3.3　事故处理

（1）泄漏不严重时，适当增加给水维持正常的汽包水位。注意监视有关参数的变化情况及监听现场泄漏情况。必要时可申请降低锅炉负荷。

（2）如果泄漏严重，无法维持正常的汽包水位和其他蒸汽参数时，则应立即停炉。停炉后维持引风机的运行，抽吸炉内水蒸气。

（3）停炉后如设备允许，则应继续给汽包供水，维持水位。除省煤器泄漏外，其他情况下应打开省煤器再循环门以保护省煤器。

（4）过热器或再热器泄漏时，为了防止吹损邻近管子或引发漏点后部管子超温，一般均应及时停炉。

课题 5.4　炉膛灭火事故

5.4.1　锅炉灭火的现象

（1）炉膛负压突然增大至负压最大指示值，氧量表指示到顶，火焰监视器发出灭火信号。

（2）一、二次风压不正常降低。

（3）燃烧室变暗，看火孔内无火光。

（4）汽温、汽压急剧下降，水位瞬间下降后上升，并列运行时，蒸汽流量急剧变小（单机、炉运行时则相反）。

（5）燃烧自动时，调节器向增加方向猛增。

（6）锅炉灭火保护动作并报警，FSSS 的 CRT 上显示"炉膛灭火"首出原因。

5.4.2　锅炉灭火的原因

（1）一次风压过低，使一次风管堵塞。

（2）一次风压过高，二次风量过大，火焰离开火嘴过远，火焰过长。

（3）达到灭火保护装置动作条件使保护动作或保护装置误动。

（4）原煤斗走空、下煤管堵塞或给粉机转动但不下煤粉等制粉系统故障造成三次风干扰燃烧灭火。

（5）给粉机下粉不均或给粉机故障。

（6）低负荷运行时，煤少风多，燃烧不稳。

（7）制粉系统启停操作不当。

（8）由于煤质太劣，煤粉太粗，燃烧不稳定。

（9）低负荷情况下，掉焦或吹灰、除灰、打焦操作不当。

（10）厂用电中断，全部引风机、送风机给粉机掉闸。

（11）冷灰斗水封水源中断，使冷风大量漏入造成炉膛温度低。

（12）炉膛负压维持量大，总风量过大。

（13）炉管严重爆破。

（14）粉仓粉位太低或烧光。

（15）燃油时，燃油系统故障。

（16）三次风带粉过多或旋风筒堵塞处理不当，下部火嘴停止过多，操作不当。

5.4.3　锅炉灭火的处理

（1）灭火保护装置动作，切断给粉机电源，停止制粉系统运行，投油时，将油枪退出，必要时应停止风机。

（2）解列所有自动，关闭减温水调节门、电动门。

（3）及时报告班长、值长，并派司水就地监视水位，保持较稳定的水位。

（4）联系电气、汽机及时降负荷。

（5）增大炉膛负压，通风 3~5min，以排除炉膛或烟道内的可燃物。

（6）查明灭火原因，并加以消除，采取措施尽快恢复运行。

（7）如造成灭火原因不能短时间内消除，应按正常停炉处理。

（8）整个过程应特别注意汽温、汽压、水位的急剧变化及时予以调整。

（9）严禁用关风爆燃的方法点火。

（10）检查关闭大小孔门，恢复防爆门。

课题 5.5　炉膛爆炸（燃）

锅炉炉膛爆炸是发生在锅炉炉膛及烟道中的爆燃现象，属化学性爆炸，常发生在燃气、燃油及燃煤粉的锅炉炉膛中。在我国，随着环保要求的提高和燃气、燃油锅炉的增多，炉膛爆炸事故在锅炉事故中的比例也在增加。炉膛爆炸常造成人员伤亡和重大经济损失，因而值得充分关注。

5.5.1　炉膛爆炸的产生

锅炉炉膛是锅炉燃料燃烧的场所，在锅炉正常运行时，炉膛内充满火焰，燃料在连续、稳定地燃烧，此时一般不会发生爆燃即炉膛爆炸。实践表明，炉膛爆炸通常发生在锅炉点火期间及运行中炉膛灭火期间，如图5-5所示。

5.5.1.1　产生条件

（1）无火炉膛内积存了可燃物（燃气、燃油或煤粉）与空气的混合物。

（2）混合物中可燃物的浓度在爆炸范围之内：

图 5-5　某企业锅炉炉膛爆炸后现场

1）轻柴油，爆炸范围为 0.6%~6.5%（油蒸气在空气中的体积百分比）。

2）重油，爆炸范围为 1.2%~6%（油蒸气在空气中的体积百分比）。

3）烟煤煤粉，爆炸下限为 $35g/m^3$（煤粉在空气中的质量/体积浓度）。

（3）有足够的点火能量。

5.5.1.2　产生原因

（1）在锅炉点火前，因阀门关闭不严或泄漏、操作失误、一次点火失败等情况，使燃气、燃油或煤粉进入炉膛，而又未对炉膛进行吹扫或吹扫时间不够，在炉膛内留存有可燃物与空气的混合物，且浓度达到爆炸范围，点火即发生炉膛爆炸。

（2）在锅炉运行中，因燃气、燃油压力或风压波动太大，引起脱火或者回火，造成炉膛局部或整个炉膛火焰熄灭，继续送入燃料时，空气与燃料形成的燃爆性混合物被加热或引燃，造成爆炸。

（3）由于燃烧设备、控制系统设计制造缺陷或性能不佳，导致锅炉燃烧不良，在炉膛中未燃尽的可燃物聚积在炉膛、烟道的某些死角部位，与空气形成燃爆性混合物，被加热或引燃，造成爆炸。

5.5.2　炉膛爆炸的危害

发生炉膛爆炸时，爆炸压力因燃料种类、可燃性混合物体积等的不同而不同，一般不超过 1MPa。对锅壳锅炉的金属炉膛——炉胆，这样的爆炸压力不会造成严重损害，但与炉胆相连的炉门、烟气转向室、烟箱等会被冲开和损坏，并伤害近旁人员。对水管锅炉的砌筑炉膛，炉膛爆炸可使炉墙塌垮或开裂，锅炉水冷壁等受压部件变形移位甚至破裂，围绕炉膛设置的构架、楼梯、平台变形或损坏，并常造成人员伤亡。

炉膛爆炸对锅炉（特别是水管锅炉）的损害是大范围的，有时是很严重的。不仅需要被迫停炉，而且需要对锅炉进行较大投入、较长时间的修理维护，造成巨大的经济损失。

5.5.3　炉膛爆炸的预防

（1）在锅炉点火前对锅炉的燃烧系统进行认真全面的检查，特别要检查燃烧器有无漏气、漏油现象。

（2）在锅炉点火前对炉膛进行充分吹扫，开动引风机给锅炉通风 5~10min，没有风机的小型锅炉可自然通风 5~10min，以清除炉膛及烟道中的可燃物质。

（3）点火时，应先送风，之后投入点燃火炬，最后送入燃料，即以火焰等待燃料，而不能先输入燃料再点火。

（4）一次点火失败，需要重新点燃时，应重新通风吹扫，再按点火步骤进行点燃。

（5）在锅炉运行中发现炉膛熄火，应立即切断对炉膛的燃料供应。待对炉膛进行通风吹扫后，再行点火。

（6）锅炉正常停炉及紧急停炉，均必须先停止燃料供应，再停鼓风，最后停引风。

（7）在锅炉运行中若发现燃烧不良，应充分重视，分析原因，改进燃烧设备或运行措施，完善燃烧，以防在炉膛及烟道内积存可燃物。

（8）为降低炉膛爆炸的危害，在燃气、燃油及燃煤粉小型水管锅炉炉膛和烟道的容易爆燃部位，应设置防爆门。

5.5.4　控制和联锁保护装置

由于手工点火和人工监控难以保证准确无误，为防止炉膛爆炸，锅炉安全技术监察规程规定："燃气、燃油锅炉及燃煤粉锅炉，应装设控制和联锁保护装置：点火程序控制装置；熄火保护装置；全部引风机断电时，自动切断全部送风和燃料供应的联锁装置；全部送风机断电时，自动切断全部燃料供应的联锁装置；燃气、燃油压力低于规定值时，自动切断燃气燃油供应的联锁装置。"

锅炉运行时，控制和联锁保护装置不得任意停用。联锁保护装置的电源应保证可靠。装设了联锁保护装置的锅炉，运行人员仍需对燃烧状况和仪表附件严加监控。

课题 5.6　烟道二次燃烧

5.6.1　烟道二次燃烧的现象

（1）过热器后各段烟气温度及排烟温度剧增。

（2）烟道负压剧烈变化，并影响炉膛的负压摆动。

（3）从烟道人孔门处及引风机的轴封处发现火星和冒烟。

（4）热风温度不正常地升高。

（5）氧量指示下降，烟囱冒烟，防爆门可能动作。

（6）过热器处再燃烧时，汽温不断升高。

5.6.2　烟道二次燃烧的原因

（1）燃烧调整不当，炉内过剩空气量小，煤粉过粗，使未完全燃烧的煤粉进入烟道。

（2）低负荷运行时间过长，烟气流速低，使烟道大量积存可燃物。

（3）炉膛负压过大，未燃尽的煤粉带入烟道继续燃烧。

（4）燃油时雾化不好，燃烧不完全，油垢尾部积结。

（5）点火前通风量不足或点火时燃烧不稳，灭火后未抽粉或通风不足造成可燃物沉积在尾部烟道内。

5.6.3　烟道发生二次燃烧的处理

（1）如果过热器后烟温不正常地升高时，应立即报告班长采取适当措施调整。

（2）如果烟道内已发生燃烧现象时，应按紧急停炉处理，并严密关闭所有风烟挡板，稍开各油枪蒸汽或蒸汽吹灰器，使烟道内充满蒸汽来灭火。

（3）确认火已熄灭，可逐渐开大引风挡板，通风 5～10min 后重新点火启动。

（4）在启动引风机时，如发现外壳内有火星和火焰时，应立即停止操作。

课题 5.7　水　冲　击

在锅炉运行中，汽包及管道内蒸汽与低温水相遇时，蒸汽被冷却，体积缩小，局部形成真空，水和汽发生高速冲击，相撞或高速流动的给水突然被截止，具有很大惯性力的流动水撞击管道部件，同时伴随巨大响声和震动的现象，称为锅炉水冲击事故，又称为水锤事故。这种现象可以连续而有节奏地持续下去，造成锅炉和管道的连接部件损坏，如法兰和焊口开裂，阀门破损等，严重威胁锅炉的安全运行。锅炉水冲击事故主要有汽包内的水冲击、蒸汽管道的水冲击、省煤器的水冲击和给水管道的水冲击四种。

5.7.1　水冲击的现象

（1）在锅炉和管道处发出有一定节律的撞击声，有时响声巨大，同时伴随给水管道或蒸汽管道的强烈震动。

（2）压力表指针来回摆动，与震动的响声频率一致。

（3）水冲击严重时，可能导致各连接部件，如法兰、焊口开裂、阀门破损等。

5.7.2　锅炉水冲击的原因

（1）汽包水冲击的原因有：

1）给水管道上的止回阀不严，或者汽包内水位低于给水分配管，使炉水或蒸汽倒流入给水分配管与给水管道内。

2）给水分配管上的法兰有较大泄漏。

3）有蒸汽加热管的下汽包内，蒸汽加热管腐蚀穿孔或连接法兰松动、安装位置不当，使炉水进入蒸汽管内。

（2）蒸汽管道水冲击的原因有：

1）锅炉送汽时主汽阀开启太快，蒸汽管道未经暖管和疏水。

2）锅炉负荷增加太快，造成蒸汽流速太快，蒸汽带水。

3）锅炉水质不合格，发生汽水共腾，蒸汽带水。

4）锅炉发生满水现象，锅水进入蒸汽管道。

（3）省煤器水冲击的原因有：

1）锅炉点火时没有排尽省煤器内的空气。

2）省煤器进水管道上的止回阀失灵，造成省煤器内高温水倒流。

3）非沸腾式省煤器内产生蒸汽。

（4）给水管道水冲击的原因有：

1）给水温度变化过大，给水管道内存在空气或蒸汽。

2）给水泵运转不正常，或并联给水泵压头不一致，造成管路水压不稳。

3）给水止回阀失灵引起压力波动和惯性冲击。

5.7.3　锅炉水冲击的处理

（1）汽包水冲击的处理：

1）如止回阀失灵，应减弱燃烧，降低负荷和压力，关闭给水截止阀，停止给水，如允许迅速修理给水止回阀同时应观察水位，防止发生缺水事故。

2）对于下汽包升火时有蒸汽加热装置的，应迅速关闭蒸汽阀。

3）保持锅炉中水位运行，均匀平稳地向汽包内进水。如水冲击仍持续不断，应停炉检修。

4）锅炉检修时应加强给水管、配水管及水槽的修理。

（2）蒸汽管道水冲击的处理：

1）减少供汽，必要时关闭主汽阀。

2）开启过热器集箱和蒸汽管道上的疏水。

3）锅炉发生满水现象，炉水进入蒸汽管道。

（3）省煤器水冲击的处理：

1）打开省煤器出口集箱上的放气阀，排净空气。

2）检查省煤器进口止回阀，发现损坏及时检修或更换。

3）连续给锅炉上水，严格控制省煤器的出口水温，一般应低于饱和温度40℃。如发现温度过高，可能发生汽化，应打开再循环管，或者打开旁通烟道，或者开启回水管阀门将省煤器出水送回水箱。

（4）给水管道水冲击的处理：

1）开启给水管道上的空气阀排除空气或蒸汽。

2）启用备用给水管道继续向锅炉给水。如无备用管路时，应对故障管道采取相应措施进行处理。

3）检查给水泵和给水止回阀，如有问题及时检修。

4）保持给水温度均衡。

课题 5.8　厂用电中断

5.8.1　锅炉的 6kV 厂用电源中断

5.8.1.1　6kV 厂用电源中断的常见现象

（1）6kV 电压表指示零位。

（2）所有运行中的 6kV 电动机停止转动，电流表指示零位，低电压保护动作，电动机跳闸，信号灯闪光，报警器响。

（3）400V 部分电动机联锁跳闸。

（4）锅炉灭火。

5.8.1.2　6kV 厂用电源中断的处理

（1）立即将跳闸电动机开关复置到停止位置。

（2）按"锅炉灭火"进行处理。

（3）待 6kV 电源恢复正常后，锅炉重新点火带负荷。

5.8.2　锅炉的 400V 厂用电源中断

5.8.2.1　400V 厂用电源中断的常见现象

（1）400V 电压表指示零位。

（2）所有运行中的 400V 电动机停止转动，电流表指示零位，锅炉灭火。

（3）热工、电气仪表电源中断，指示异常。

（4）各电动门和电动调节机构电源中断。

5.8.2.2　400V 厂用电源中断的处理

（1）立即将各跳闸电动机的开关复置到停止位置。

（2）将各"自动"调节改为"手动"（监视调节，以热工机械仪表作为依据），各电动门和电动调节机构应手动操作。

（3）按"锅炉灭火"进行处理。

（4）操作空气预热器的盘车装置盘动空气预热器，开启烟侧人孔门进行冷却，并对空气预热器进行吹灰。

（5）待 400V 电源恢复正常后，锅炉重新点火带负荷。

课题 5.9　锅炉超压事故

在锅炉运行中，锅炉内的压力超过最高许可工作压力而危及安全运行的现象，称为超压事故。这个最高许可压力可以是锅炉的设计压力也可以是锅炉经检验发现缺陷，使强度降低而定的允许工作压力。总之，锅炉超压的危险性比较大，常常是锅炉爆炸事故的直接原因。

5.9.1　锅炉超压的现象

（1）汽压急剧上升，超过许可工作压力，压力表指针超红线，安全阀动作后压力仍在升高。

（2）发出超压报警信号，超压联锁保护装置动作使锅炉停止送风、给煤和引风。

（3）蒸汽温度升高而蒸汽流量减少。

5.9.2　锅炉超压的原因

（1）用汽单位突然停止用汽，使汽压急骤升高。

（2）司炉人员没有监视压力表，当负荷降低时没有相应减弱燃烧。

（3）安全阀失灵；阀芯与阀座粘连，不能开启；安全阀入口处连接有盲板；安全阀排汽能力不足。

（4）压力表管堵塞、冻结；压力表超过校验期而失效；压力表损坏、指针指示压力不正确，没有反映锅炉真正压力。

（5）超压报警器失灵，超压联锁保护装置失效。

（6）经检验降压使用的锅炉，如果安全阀口径没做相应变化（锅炉降压使用时，安全阀口径应增大），使安全阀的排汽能力不足，汽压得不到控制而超压。

5.9.3　锅炉超压的处理

（1）迅速减弱燃烧，手动开启安全阀或放气阀。

（2）加大给水，同时在下汽包加强排污（此时应注意保持锅炉正常水位），以降低锅水温度，从而降低锅炉汽包压力。

（3）如安全阀失灵或全部压力表损坏，应紧急停炉，待安全阀和压力表都修好后再恢复运行。

（4）锅炉发生超压而危及安全运行时，应采取降压措施，但严禁降压速度过快。

（5）锅炉严重超压消除后，要停炉对锅炉进行内、外部检验，要消除因超压造成的变形、渗漏等，并检修不合格的安全附件。

课题 5.10　锅炉的结渣和积灰

5.10.1　锅炉结渣

5.10.1.1　结渣的危害

煤粉炉中，熔融的灰渣黏结在受热面上的现象称为结渣（现场称为结焦）。结渣对锅炉的安全运行与经济运行会造成很大的危害。

（1）降低锅炉效率。当受热面上结渣时，受热面内工质的吸热降低，以致烟温升高，排烟热损失增加。如果燃烧室出口结渣，在高负荷时会使锅炉通风受到限制，以致炉内空气量不足；如果喷燃器出口处结渣，则影响气流的正常喷射，这些都会造成化学不完全燃烧损失和机械不完全燃烧损失的增加。由此可见，结渣会降低锅炉热效率。

（2）降低锅炉出力。水冷壁上结渣会直接影响锅炉出力。另外，烟温升高会使过热汽温度升高，为了保持额定汽温，往往被迫降低锅炉出力。有时结渣过重（如炉膛出口大部封住、冷灰斗封死等）还会造成被迫停炉。

（3）造成事故。

1）水冷壁爆破。水冷壁管上结渣，使结渣部分和不结渣部分受热不匀，容易损坏管子。有时，炉膛上部大块渣落下，会砸坏管子；打渣时不慎，也会将管子打破。

2）过热器超温或爆管。炉内结渣后，炉膛出口烟温升高，导致过热汽温升高，加上结渣造成的热偏差，很容易导致过热器管超温爆破。

3）锅炉灭火。除渣时，若除渣时间过长，大量冷风进入炉内，易形成灭火。有时大渣块突然落下，也可能将火压灭。

5.10.1.2　结渣的特性和条件

（1）灰结渣的特性（内因）。煤粉炉中，炉膛中心温度高达 $1500 \sim 1600℃$，煤中的灰分在这个温度下，大多熔化为液态或呈软化状态。随着烟气的流动，烟温及烟气中灰粒的温度因水冷壁的吸热而降低。如果灰的软化温度很低或灰粒未被充分冷却而仍保持软化状态，当灰粒碰到受热面时，就会黏结在壁面上而形成结渣。所以灰的结渣首先取决于灰的熔融特性。

1）灰的熔融特性。在变形温度 DT 下，灰粒一般还不会结渣；到了软化温度 ST，就会黏结在受热面上，因而常用 ST 作为灰熔点来判断煤灰是否容易结渣。

2）灰中矿物质组成对灰熔点的影响。

3）灰中含铁对灰熔点的影响。灰中含铁成分对灰熔点有很大影响，如果灰中含氧化铁多，灰熔点较高；如果含氧化亚铁多，灰熔点就低。当煤灰处于还原性气氛（多 CO 等还原性气体）中时，灰中的氧化铁还原成为氧化亚铁、此时灰的熔点低于氧化性气氛下的灰熔点。煤中硫铁矿（FeS_2）含量多时，灰的结渣性强，这是因为 FeS_2 氧化后生成氧化亚铁之故。

4）管壁表面粗糙程度对结渣的影响。灰黏结在表面粗糙物体上的可能性，比黏结在表面光滑物体上的可能性要大得多。例如在管子排列稀疏且粗糙的炉墙表面结渣，然后再发展成大片结渣。

5）炉内结渣有自动加剧的特性。炉内只要一开始结渣，就会越结越多。这是因为结渣后燃烧室温度和壁面温度都因传热受阻而升高，高温的渣层表面呈熔融状态，加之其表面粗糙，使灰粒更容易黏结，从而加速了结渣过程的发展。结渣严重时，有的渣块能达到十几吨重，严重地威胁着锅炉的安全与经济运行。

（2）结渣的条件（外因）。以上所述是结渣的基本特性，除了煤的特性外，结渣的具体原因还有很多，如：

1）燃烧时空气量不足。空气不足，容易产生 CO，因而使灰熔点大大降低。这时，即使炉膛出口烟温并不高，仍会形成结渣。燃用挥发分大的煤时，更容易出现这种现象。

2）燃料与空气混合不充分。燃料与空气混合不充分时，即使供给足够的空气量，也会造成有些局部地区空气多些，另一些局部地区空气少些；在空气少的地区就会出现还原性气体，而使灰熔点降低，造成结渣。

3）火焰偏斜。喷燃器的缺陷或炉内空气动力工况失常都会引起火焰偏斜。火焰偏斜，使最高温的火焰层转移到炉墙近处，使水冷壁上严重结渣。

4）锅炉超负荷运行。锅炉超负荷运行时，炉温升高，烟气流速加快，灰粒冷却也不够，因而容易结渣。

　　5）炉膛出口烟温增高。炉膛出口烟温高很容易造成炉膛出口处的受热面结渣，严重时会局部堵住烟气通道。炉膛下部漏风、空气量过多、配风不当、煤粉过粗等，都会使火焰中心上移，以致炉膛出口烟温增高。

　　6）吹灰、除渣不及时。运行中受热面上积聚一些飞灰是难免的，如果不及时清除，积灰后受热面粗糙，当有黏结性的灰碰上去时很容易附在上面形成结渣。刚开始形成的结渣，因壁面温度较低，渣质疏松，容易清除，但如不及时打渣，结渣将自动加剧，结渣量加多，而且越来越紧密，以致很难去除。

　　7）锅炉设计、安装或检修不良。设计时炉膛容积热强度选得过大、水冷壁面积不够或燃烧带铺设过多等，会使炉膛温度过高，造成结渣。喷燃器的安装、检修质量对结渣影响很大，如旋流喷燃器中心不正和外围旋转角度太大，又如直流喷燃器四角燃烧时，切圆直径过大、中心偏斜、火焰贴墙等，都会形成结渣。喷燃器烧损未及时检修也会导致结渣。

　　上面所述这些原因往往是同时存在的，而且互相制约、互为因果，呈现出很复杂的现象。在分析这些原因时，必须抓住主要矛盾，克服主要问题，带动次要问题。一有成效，就要坚持下去，并找寻新的矛盾，一直到彻底解决问题为止。

5.10.1.3　结渣的预防

　　(1) 堵塞漏风。漏风过大会促进结渣，如炉底漏风会使炉膛出口处结渣；空气预热器漏风，使炉内空气量不足，也会导致结渣。

　　漏风有害而无利，应尽可能予以消除。运行时可用蜡烛寻找漏风处，凡漏风处蜡烛火被吸向炉内。冷炉可以用烟幕弹找漏风，燃着烟幕弹，炉内保持正压（关引风挡板，开送风机），凡漏风处有烟冒出。堵漏时最好在炉内堵，同时要注意不要堵住膨胀间隙。

　　(2) 防止火焰中心偏移。火焰中心上移，炉膛出口处会结渣，为防止结渣，可用以下措施：

　　1）尽量利用下排喷燃器或使喷燃器下倾，以降低火焰中心。但燃烧室下部结渣，应采取相反措施。

　　2）降低炉膛负压。也可以降低火焰中心，但负压炉膛不允许正压运行，一般至少 $10 \sim 20Pa$ 的负压。

　　3）采用加强二次风旋流强度、降低一次风率等方法使着火提前，也可降低火焰中心。

　　火焰偏斜会造成水冷壁上结渣，为防止结渣，可采取以下措施：

　　1）对仓储式制粉系统，应保持各给粉机的给粉量比较均衡，每个给粉机的给粉也要均匀。为此，煤粉应有必要的干燥度；煤粉仓内壁不应黏附煤粉；防止煤粉自流等。

　　2）对直吹式制粉系统而又采用直流喷燃器切圆燃烧时，要尽量使 4 个角的气流均匀。为此，做冷态空气动力场试验时，应将 4 角的气流速度调整到接近相等。

　　3）切圆不宜过大，以免气流贴墙，造成水冷壁结渣。

　　4）低负荷运行时，喷燃器的投入要照顾前、后、左、右，使火焰不致偏斜。

　　(3) 保持合适的空气量。空气量过大，炉膛出口烟温可能升高；空气量过小，可能出现还原性气体，这些都会导致结渣，因而应控制好二氧化碳值或氧量值，保持合适的空气过剩系数。

（4）做好燃料管理，保持合适煤粉细度。电厂燃用的燃料应长期固定，如果燃料多变，则要求燃用前能得到化验报告，以便及时研究燃烧方法。煤中混杂的石块应清除掉，过湿的煤应经干燥再送往锅炉房，这些对防止结渣都有好处。

煤粉过粗，会使火焰延伸，炉膛出口处易结渣；同时，粗粉落入冷灰斗，在一定条件下会形成再燃烧，造成冷灰斗结渣。但煤粉过细则不经济又易爆。故应保持煤粉的合适细度。

（5）加强运行监视，及时吹灰打渣。运行中，应根据仪表指示和实际观察来判断是否有结渣现象。例如燃烧室出口结渣时，仪表反应为：过热汽温偏高，减温水量增大，排烟温度升高；燃烧室负压减小甚至有正压；煤粉量增加等。此时，可通过检查孔观察炉膛出口处，如有结渣，应及时打掉，以免结渣加剧。另外，及时吹灰打渣也是防止结渣的有效措施。

（6）提高检修质量。锅炉检修时应彻底清除炉内积存灰渣，并做好漏风试验以堵塞漏风。根据运行中的燃烧工况、结渣部位和结渣程度，适当地调整喷燃器。烧坏的喷燃器应修复或更换。结渣严重时，对原有未燃带可在检修时去除或减小面积。如果要燃用灰熔点很低的煤，还可考虑改用液态排渣炉。

5.10.2　受热面的积灰

锅炉受热面上积灰是常见的现象。受热面的积灰由于灰的导热系数小，因此积灰使热阻增加，热交换恶化，以致排烟温度升高，锅炉效率降低。积灰严重而形成堵灰时，会增加烟道阻力，使锅炉出力降低，甚至被迫停炉清理。

广义地说，锅炉积灰包括炉膛受热面的结渣高温对流过热器上的高温黏结灰、低温空气预热器上的低温黏结灰和对流受热面上积聚的松灰等。结渣已在前面讨论过，这一节只讨论狭义的积灰，即松灰的积聚。

5.10.2.1　积灰的机理

积灰的积聚情况，随着烟速的不同而不同，积灰主要积在背风面，迎风面很少。而且，烟速越高，积灰越少，迎风面甚至没有。灰粒是依靠分子引力或静电引力吸附在管壁上的，而管子的背风面由于有旋涡区，因而能使细灰积聚下来。

飞灰颗粒一般都小于 $200\mu m$，大多数是 $10 \sim 20\mu m$ 的颗粒。当烟气横向冲刷管子时，管子背风面产生旋涡区，气体向管子接近时，流动方向改变，然后绕过管子，并在管子的中部（与流动方向成 $90°$ 角的地方）离开管子壁面。这样，管子的背面产生旋涡运动，将很多小灰粒旋了进去，并沉积在管壁上。进入旋涡区的灰粒大多小于 $30\mu m$，而沉积下来的灰粒都小于 $10\mu m$。

灰粒越小，其单位重量的表面积就越大，因而相对的分子引力就越大。小于 $3 \sim 5\mu m$ 的灰粒与管壁接触时，其分子引力可大于自身重量，从而使它吸附在管壁上。

烟气中的灰粒可以被感应而带有静电荷，带电荷的灰粒与管壁接触时，有静电力的作用。当静电力大于灰粒本身质量时，灰粒便依附在管壁上。一般小于 $10\mu m$ 的带电灰粒都能吸附住，甚至小于 $20 \sim 30\mu m$ 的带电灰粒也能吸附在管壁上。

大的灰粒不但不沉积，而且会冲击管壁而使积灰减轻。所以，管子正面的积灰少。但是，由于气流在接近管子时转向，所以受冲击最多的是管子两侧，管子正面有沉积灰粒的可能。

灰粒的沉积过程是开始积聚很快，以后由于大灰粒的冲击使积聚的速度减慢。到积聚上的灰和冲击掉的灰相等时，灰粒的积聚和冲去达到动态平衡，积灰就不再增加了。只有因外界条件改变而破坏这个平衡时（如烟速变化），才会改变积灰情况，一直到建立新的动态平衡为止。

5.10.2.2　影响积灰的因素

积灰程度与烟气流速、飞灰颗粒度、管束结构特性等因素有关。

（1）烟气流速。积灰程度与烟气流速有很大的关系。烟速越高，灰粒的冲刷作用越大，因而背风面的积灰越少，迎风面的积灰更少甚至没有。如烟速小于 $2.5 \sim 3\text{m/s}$ 时，迎风面也有较多的积灰，当烟速大于 $8 \sim 10\text{m/s}$ 时，迎风面一般不沉积灰粒。

（2）飞灰颗粒度。如果粗灰多，则冲刷作用大而积灰轻。如果细灰多，则冲刷作用小而积灰较多。因此，液态除渣炉、油炉等的积灰比煤粉炉严重。

（3）管束的结构特性。错列布置的管束迎风面受冲刷，背风面受冲刷也较充分，故积灰比较轻。顺列布置的管束背风面受冲刷少，从第二排起，管子迎风面也不受正面冲刷，因此积灰较严重。

如果减小纵向管间节距 S_2，对错列管束来说，由于背风面冲刷更强烈，所以积灰减轻；对顺列管束来说，相邻管子的积灰更容易搭积在一起，而形成更严重的积灰。减小管子直径，飞灰冲击机会率加大，因而积灰减轻。采用小管径管子制造锅炉受热面还有放热系数高、结构紧凑等优点，所以现时正得到广泛应用。

5.10.2.3　减轻积灰的方法

（1）定期吹灰。尾部受热面应有合适的吹灰装置，并应坚持定期吹灰的制度。考虑省煤器是错列布置的，此以采角钢珠除灰为好。

（2）控制烟气流速。采用吹灰管只能吹到前几排，后面管排的积灰除不掉，因提高烟气流速，可以减轻积灰，但会加剧磨损。为了使积灰不过分严重，在额定负荷时，烟气流速不得小于 $5 \sim 6\text{m/s}$，一般可以保持在 $8 \sim 10\text{m/s}$。

（3）采用小管径、错列布置。如省煤器可采用 $25 \sim 32\text{mm}$ 的管子，横向节距与管子外径比值 $S_1/d = 2 \sim 2.5$，纵向节距与管子外径比值 $S_2/d = 1 \sim 1.5$，这样积灰可以轻些。

模块 6 锅炉安装检修后试验

课题 6.1 整体水压试验

锅炉安装检修完成，对受热面外观检查合格后可进行水压试验。水压试验是锅炉本体安装阶段必不可少的一道程序。为了提高锅炉构架和承压部件的安装质量，确保投产后安全可靠运行，根据《电力建设施工及验收技术规范》（锅炉机组篇）的规定，锅炉受热面安装完后应按《蒸汽锅炉安全技术监察规程》及设备技术文件的规定进行水压试验，检查其系统在冷态下各承压部件的严密性和强度。水压试验的结论是锅炉安装质量的重要考核标准之一。锅炉本体安装阶段，若不经水压试验的验收，是不准进行砌筑施工的。

锅炉进行水压试验时，按《蒸汽锅炉安全技术监察规程》或《热水锅炉安全技术监察规程》的规定有"水压试验由锅炉安装单位和使用单位共同进行。"锅炉安全监察机构、特检院是否要派员参加，根据各地的情况确定。

6.1.1 水压试验的范围

锅炉水压试验是对锅炉本体受压部件的耐压性能的检查，检查的主要部件有汽包、集箱、过热器、水冷壁、对流管、下降管、省煤器、主汽阀、给水阀、排污阀、水位计及它们有关的连接管路。

注意：安全阀不能与锅炉一同进行试压，以防进行水压试验时造成损坏。

6.1.2 水压试验必备的条件及试压步骤

（1）锅炉本体内受压部件的安装工作全部施工完毕。

（2）安装外观质量检查合格，安装记录准确、真实，且符合规定标准。

（3）确认汽包、集箱、管子内部无杂物，封闭各人孔、手孔，现场清理干净。

（4）将锅炉本体所有受压部件的切断阀打开，保证所有管路都充满水。

（5）锅炉高处的所有放空阀打开，避免造成气囊，充满水，关闭放空阀，将锅炉排污阀总管接通到指定的排放地点以备排水。

（6）将试压泵与给水管连接并在异地装两块以上压力表，压力表必须经过计量部门校验合格，且在校验有效周期内，压力表的量程为试验压力的 2 倍为宜。

6.1.3 水压试验的压力

锅炉的整体水压试验压力，应根据锅炉的类型，分别按《电力建设施工及验收技术规范（锅炉机组篇）》《蒸汽锅炉安全技术监察规程》《热水锅炉安全技术监察规程》中，有关水压试验的条文规定执行。

表 6-1 是锅炉的水压试验压力值。

表 6-1 水压试验压力 （MPa）

名 称	汽包工作压力 p	试验压力
锅炉本体及过热器	<0.59	1.5p，且不小于 0.2
	0.59～1.18	p +0.29
	>1.18	1.25p
可分式省煤器		1.25p +0.49

6.1.4 水压试验应注意的问题

（1）锅炉进行水压试验时，应在环境温度高于 5℃ 的情况下进行。低于 5℃ 时，要有防冻措施，以免冻坏锅炉部件。

（2）水压试验的水温一般为 20～70℃ 且要高于周围露点温度，以防锅炉表面结露。

（3）升压速度不大于 0.3MPa/min，超压时升压速度不大于 0.2MPa/min，超压试验时到达超压压力后保压 20min，降至工作压力后方可进行检查。试验结束后泄压速度不得大于 0.5MPa/min。

（4）合格标准：

1）焊缝及连接处无渗漏；试验结束后承压部件未见残余变形。

2）严密性以关闭阀门后，5min 压降小于 0.05MPa 为合格。

6.1.5 水压试验实例

6.1.5.1 锅炉水压试验目的、相关参数的确定及有关要求

（1）试验目的。为了提高锅炉承重炉架和承压部件的安装质量，确保投产后安全可靠运行，根据《电力建设施工及验收技术规范》（锅炉机组篇）的规定，锅炉受热面安装完后应按《蒸汽锅炉安全技术监察规程》及设备技术文件的规定进行水压试验，检查其系统在冷态下各承压部件的严密性和强度。

（2）水压试验压力的确定。根据《电力建设施工及验收技术规范》（锅炉机组篇）的要求确定水压试验压力为汽包工作压力的 1.25 倍，即本次水压试验压力为：

$$11MPa \times 1.25 = 13.75MPa。$$

（3）水压试验用水量。单台锅炉系统水容积约 80m³（按锅炉厂家资料），锅炉附属管道及临时管道等水容积约 5m³，根据以上水容积，水压试验用水量容积约 170m³。考虑到冲洗和放水，需储备除盐水约 300m³ 左右。

（4）水压试验水温确定。根据某锅炉厂设计要求，汽包水压试验时，上水温度为 20～70℃。故本次水压试验用水水温应控制在 35～70℃ 之间。

（5）水压试压前需达到的条件及相关技术要求有：

1）所有与试压相关的管道已安装完毕且已经无损检验合格后方可进行压力试验。

2）所有受热面的密封已全部焊接完毕，并已通过甲方的检查，符合设计要求及相关

技术文件的规定后方可进行压力试验。

3）检查锅炉本体阀门的安装方向是否符合介质流向，不得装反。

4）水压试验范围内的固定支架、导向支架施工完毕且符合要求，紧固件已紧固完毕，管道膨胀自由，各种临时支吊架已全部拆除完毕。必须设置临时支架的，临时支吊架的设立确保合理牢固，试压完毕后应及时清除。

5）试压用水必须是合格的软化水。

6）临时给水管线的焊接质量，均按正式管道的要求进行焊接，且必须由合格的焊工进行施焊。临时给水管线及排水管线铺设完毕，取水点应保证有充裕水量的供给，排水地域的排水应畅通无阻。系统顶部排气装置设置齐全，排气管接到合适位置。

7）现场检查用临时照明设施完备并符合安全要求。

8）锅炉本体在水压试验时应作检查的部位不得涂漆或保温。

9）受热面系统试压时应与试验范围以外的管道、设备、仪表等隔离，应采用装设盲板的方法隔离，如以阀门隔绝时，阀门应严密不漏。

10）平台、梯子及栏杆已基本安装就位，必须充分保证检验需要。

11）水压试验用压力泵、压力表及其管系已安装完毕。

12）现场已全部清除完毕。锅筒和联箱内部清扫完毕，人孔盖需仔细关闭好。

13）参加水压试验的组织机构和人员分工已明确，并落实到人，水压试验安全，技术、质量措施已交底并办理交底手续。

14）本循环流化床锅炉的试验压力为13.75MPa。

15）临时上水管道必须预先冲洗干净。

16）试压时系统中不允许存在空气，锅炉试压时从省煤器开始往锅炉注水，从各高点放气口排气并看水是否注满。

17）锅炉注满水后，将阀门关紧即可开始升压。

18）升压速度一般不大于0.3MPa/min，当达到试验压力的10%时，应对锅炉系统的焊缝连接处进行初步检查，如未发现渗漏，则将其升至工作压力后作进一步的详细检查。如有轻微的渗漏，应对其情况作出相应的处理。若未发现缺陷，继续升至试验压力，保持20min后降至工作压力（锅筒的工作压力为11.0MPa）进行全面检查，检查中若无破裂、变形及漏水现象，则认为水压试验合格。

19）若在水压试验过程中发现缺陷，不得擅自带压处理，应做好标记并报告有关负责人，待停压后再做出相应的处理。

20）压力试验合格后及时排出受热面内的存水，并拆除所有的临时支架、盲板、上水管等。

21）水压试验时试验压力以汽包上的压力表的读数为准，在升压过程中设专人监视汽包上压力表的压力变化，并通过对讲机随时通知负责开关打压泵的人。

22）水压试验合格后排出锅炉内的水时应看到锅筒上的压力表读数为0时再开启放空门。

（6）水压试验范围如下：

1）锅筒与联箱。

2）前、后、左、右水冷壁。

3）炉顶、布风水冷壁。

4）省煤器管及省煤器集箱。

5）锅炉本体管路。

6）高低温过热器及吊挂管。

7）水冷旋风筒管。

（7）锅炉水压试验时应重点检查的部位：

1）汽包及集箱的管座焊缝。

2）水冷风室内的密封焊接及水冷壁的角部连接处。

3）省煤器、过热器的所有现场焊口及集箱上的管座焊缝。

4）烟道过热器与水冷壁及与汽冷分离器的连接处。

6.1.5.2　施工机具及材料

（1）试压所需机具见表6-2。

表6-2　试压所需机具

序号	材料机具	数量	备注
1	水箱	1 只	借用定排扩容器
2	电动试压泵 0～20MPa	1 台	
3	上水泵 16m³/h，扬程 0.45MPa	1 台	借用化学清水泵
4	压力表 Y-150（300）1.5 级 0～25MPa	4 只	两只备用
5	上水泵出口用压力表 Y-150（300）1.5 级 0～1.6MPa	2 只	
6	手电筒	4 只	
7	配电箱	1 只	接打压泵用
8	塑料水桶	2 只	
9	临时电源线	1 套	
10	活扳手 12 寸	2 把	
11	活扳手 18 寸	2 把	
12	石棉橡胶板	1m²	
13	对讲机	4 部	

（2）试压用压力表必须经检验合格且精度不低于 1.5 级。

（3）锅炉上水的临时管子及附件必须具有材质证明书及合格证，其质量不得低于国家现行标准的要求，外观检查合格。

6.1.5.3　水压试验工艺流程

水压试验流程如图6-1所示。

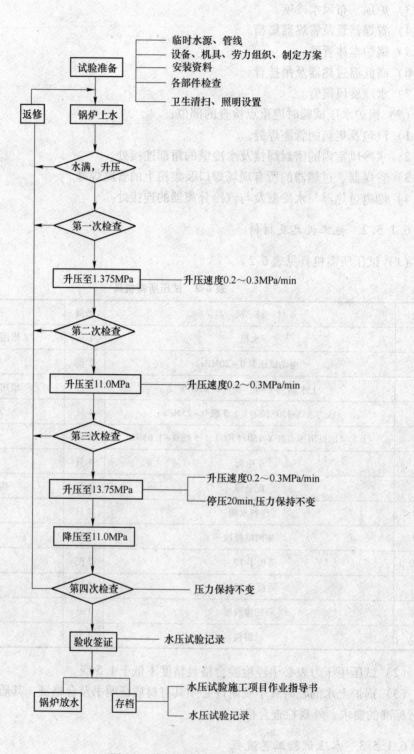

图 6-1　水压试验流程

6.1.5.4　水压试验

（1）水源确定。水压试验水源采用除盐水，从建设单位除盐水罐接入，临时管道采用 $\phi57 \times 3.5$ 无缝钢管（20号），约50m；借用建设单位化学清水泵输送至锅炉省煤器入口。

（2）锅炉上水前检查。根据锅炉汽水系统图对锅炉在上水前再一次进行仔细检查，并对操作的阀门挂牌，确认无误后，将所有空气门、压力表门、连通门打开，将疏放水门关闭。

锅炉上水前，水压试验领导小组对准备工作进行一次全面检查，确认无误后方能向2号锅炉进水。

（3）锅炉冲洗。锅炉上水时，必须对锅炉进行冲洗。冲洗水从水冷壁排污管排出，排入锅炉底部排水沟，至见清水后可关闭排污阀。

（4）将锅炉排空阀打开后，开启阀门A、B，先从省煤器集箱进口向2号锅炉上水，进水速度控制在 $0.6 \sim 0.8 m^3/min$ 为宜，不得过急（即锅炉连续上水时间控制在2h左右），待放空处水连续均匀流出5min后视为上满。

（5）上水过程中应随时检查锅炉受热面和承重钢结构，若发现异常现象应立即停止上水，查明原因及时处理。

（6）2号锅炉满水后，关闭阀门B，停止2号锅炉上水；开启阀门C，向1号锅炉注水（先冲洗再注水），待1号炉满水后关闭阀门C、A，停止化学清洗泵。安排两组人员，第一组人员对2号锅炉进行第一次全面检查，经检查无缺陷或消除缺陷后，方可进行升压。第二组人员负责1号锅炉注水。

（7）压力指标。汽包工作压力为11.0MPa；试验压力13.75MPa。

（8）水压试验升压速度控制在 $0.2 \sim 0.3 MPa/min$。

（9）升压。2号锅炉满水，第一次检查完毕后，开始升压，当压力升至试验压力的10%，即1.375MPa后做第二次全面检查；检查若有缺陷，泄压放水后处理完毕再进行水压试验；如没有问题则继续升压至11.0MPa，做第三次全面检查，若有缺陷时，及时通知试验总指挥，泄压放水后缺陷处理完毕再进行水压试验；经确认无缺陷后，再升压13.75MPa并保压20min。若压力保持不变，则降压至11.0MPa进行第四次全面检查，即最终全面检查。检查期间压力应保持不变，合格后将水压降至零。

2号锅炉水压实验完毕后，按照相同步骤对1号锅炉进行水压试验。

（10）水压试验符合下列情况视为合格：

1）在受压元件金属壁和焊缝上无渗漏的水珠、水雾。

2）无裂缝变形现象发生。

3）试验压力下保压20min之内压力保持不变。

（11）水压试验合格后，认真填写锅炉本体水压试验记录（见表6-3），立即办理锅炉整体水压试验签证（见表6-4）并及时做好收尾工作。

表 6-3　锅炉本体水压试验记录

试验日期	年　　月　　日					
压力表标号		精度	级	量程	MPa	效验日期
锅炉工作压力	11MPa	试验压力	13.75MPa		试验压力时20min内降压值	MPa

项　目	记录
试验环境温度	℃
进水温度	℃
升压速度	0~11MPa升压速度不大于0.1MPa 11~13.75MPa升压速度不大于0.03MPa
试验压力时间	20min
升至试验压力后，降至工作压力时的检查情况	
规定试验13.75MPa规定保压时间20min	
实际试验压力13.75MPa实际保压时间20min	

试验结论：

试验负责人：	记录人：

监检部门监检员（签字）：

建设单位现场技术负责人：	监理单位专业监理工程师：	施工单位技术负责人：
年　月　日	年　月　日	年　月　日

表 6-4　锅炉整体水压试验签证

工程名称		施工单位	
锅炉型号规格		施工日期	
制造厂家		水压试验日期	
锅炉汽包工作压力/MPa		试验压力/MPa	
水质情况		除盐水	
进水温度/℃	环境温度/℃		施工总焊口数

试验记录	在试验压力升降速度不超过每分钟 0.3MPa 的情况下，于　年　月　日　时　分进水，　日　时　分进满水，　日　时　分达到工作压力，进行检查；　时　分继续升至试验压力，保持 20min 后，降至工作压力，进行全面检查，检查期间压力保持不变，历时　min，　时　分泄压排水。
	严密性检查　　承压件及所有焊缝、人孔、手孔、法兰、阀门等处不渗漏、无变形破裂
	缺陷处理及恢复　　无
	试验结论　　合格

锅炉水压试验于　年　月　日　时　分至　日　时　分进行，经检查全部焊口无一泄漏，符合《蒸汽锅炉安全技术监察规程》和《电力建设施工及验收技术规范》（锅炉机组篇）规定，水压试验合格。特此签证。

建设单位	监理单位	施工单位：	
		质检部门	班组

签证日期　　年　　月　　日

（12）水压试验完毕后，经检查确认后的设备、部件、管道等严禁在其上随意焊接和施工，并对成品保护加以监督检查。

（13）锅炉水压试验不合格时，应立即返修并重新进行水压试验。

6.1.5.5　职业安全健康与环境管理

锅炉水压试验主要危险辨识见表 6-5。

表 6-5　锅炉水压试验主要危险辨识

作业活动	危险因素	可能导致的事故	相 应 措 施
水压试验	照明不足	人员碰伤及坠落	（1）夜间施工照明充足。 （2）炉膛内部及尾部竖井内照明充足。 （3）出入通道畅通无阻无杂物
	脚手架上站人检查	人员踏空、坠落	（1）脚手架必须由合格架工搭设，经验收合格后方可使用。 （2）脚手板不低于 2 块，脚手板的搭接度、间隙等符合规程规定。 （3）检查人员必须正确使用安全带。 （4）临空面拉设安全网

作业活动	危险因素	可能导致的事故	相 应 措 施
水压试验	炉膛内部检查	触电、坠落	(1) 炉膛内照明充足，照明采用 36V 电压。 (2) 检查时检查人员至少两人一组
	升压过程泄漏	高压水泄漏伤人	(1) 升压过程严格控制升压速度。 (2) 缺陷处理应在泄压后进行。 (3) 严禁在法兰盘侧面和集箱堵头处逗留。 (4) 超压过程中严禁进行检查工作

安全文明施工措施及环境管理目标包括：

（1）水压试验所用压力表的量程为试验压力的 1.5 倍左右，经检验合格且在有效期内，水压试验时每台炉应同时投入两只以上表计。

（2）水压试验时，检查人员不得站在焊接堵头正面或法兰的侧面。

（3）水压试验临时管道安装前，应进行清理，确保管内无杂物，按同等级管道的焊接要求进行焊接，并对焊缝按要求检查。

（4）水压试验的升降压的指挥应有专人负责，上水泵、升压泵、阀门操作应有专人负责，其他人员不得操作，负责人不得擅离岗位，且升压泵的操作人员只服从水压总指挥的指示。

（5）水压试验时应停止锅炉范围内的一切工作，非作业人员不得进入试验范围，并及时拉警示绳并挂警告牌，并在各通道口设专人监护。

（6）水压试验时，锅炉上停止一切作业，并严禁在承压管道和部件上引弧施焊或锤击承压部件。

（7）在升压过程中，应有专人负责监视上、下压力表读数，并随时校对压力表读数，防止压力表损坏引起实际压力超过试验压力。

（8）所有阀门应编号挂牌，由专人负责操作。水压试验检查时应分组由专人负责检查，进入炉内检查的人员不得单人进行，必须两人以上，且炉外有专人监护，检查后出来清点人数后临时关闭人孔门。

（9）在检查过程中，如发现有渗漏现象，应做好标记，及时向指挥组报告，不得擅自处理，检查人员应远离渗漏点。

（10）水压试验检查需要搭设的脚手架应牢固，符合规定要求，且经验收合格。

（11）炉内布置的照明应充足，电源线应完好，并有漏电保护装置。

（12）水压试验时应配备足够通信工具（对讲机），检查完好，电池充满电并准备备用电池，在汽包、升压泵等压力监视点及指挥、司泵、检查人员配备，保证通信联络畅通。

（13）水压试验进水后应检查膨胀指示器的膨胀情况，确保膨胀不受阻，并做好记录。

（14）参加水压试验的所有人员，必须参加水压试验技术安全交底，并办理交底手续。

（15）水压升压管路要固定牢靠，防止升压时管路震动导致危险。

（16）锅炉水压试验范围内的垃圾、杂物清理干净，场地平整，沟道盖板已铺设，平台扶梯已安装完，检查通道畅通。

（17）固体废弃物管理：对无毒无害不可回收以及可回收的固体废弃物应分别集中放置到指定的堆放区域，并要有明显的标识；对有毒有害的固体废弃物应分类存放。

课题6.2 烘炉煮炉

6.2.1 烘炉（实例）

6.2.1.1 烘炉概述

某锅炉系四川锅炉厂生产的 CG-130/3.82-MX6 型循环流化床锅炉，本锅炉是一种半露天布置的高效、低磨损、中温分离、灰循环安全易控、运行可靠性高、启动迅速的新型燃煤锅炉。

本锅炉是一种自然循环的水管式锅炉，采用炉膛和旋风分离器组成的循环燃烧系统。锅炉的主要参数为：

（1）额定蒸汽流量：130t/h。

（2）额定蒸汽压力：3.82MPa。

（3）额定蒸汽温度：450℃。

（4）给水温度：150℃。

（5）排烟温度：148℃。

（6）锅炉效率：86.5%。

炉膛四周及风室全由膜式水冷壁构成，炉膛下部四周设有卫燃带，用高强耐磨浇注料浇注；锅炉炉膛上部设有水冷蒸发管；低温、高温过热器，高温省煤器，四周用耐火砖砌筑。炉膛后部设有两个旋风分离器，旋风分离器内用高强耐磨浇注料浇注；旋风分离器下部设回料管两个，用磷酸盐耐磨砖砌筑。低温省煤器部分用耐火浇筑料浇注。

6.2.1.2 烘炉养护的目的

耐火防磨砖、耐火灰浆、耐火混凝土、保温材料及保温灰浆在施工后会存在大量的水分，通过一定阶段的不同升温条件下的加热、恒温烘烤，逐渐地除去耐火层、保温层中的水分，有效地保证锅炉正常运行时，不会由于升温速度过快大量的水分突然蒸发造成耐火材料的强度降低，影响耐火材料的使用寿命。同时后期的高温烘炉使得耐火材料陶瓷化，最大限度地达到耐火材料的性能，使其满足锅炉正常运行要求的物理和力学性能。

6.2.1.3 烘炉养护前应具备的条件

（1）锅炉临时系统拆除，正式系统已完全恢复，锅炉工作水压试验合格，相关的照明和消防系统具备投用条件。

（2）炉膛和烟风管道严密性试验合格。

（3）烘炉用的临时设施、工具、材料齐全。

（4）炉墙外部排湿孔预留好。

（5）蒸汽—给水系统：

1）系统安装工作结束，保温完好，介质流向标识完整正确。

2）各电动门、调节门及给水泵转速调节调试好，标明开关方向并挂牌，可远距离操作。

3）压力、温度、水位、给水流量监视按设计调好，可以正常监视。

4）系统联锁、报警正确可靠。

5）膨胀指示器安装完毕，调整到零位。

（6）风—烟系统：

1）系统安装工作结束，内部清理干净，保温完好，介质流向标识完整正确。

2）引风机、一次风机、二次风机试转结束，系统风压试验合格。

3）各人孔、检查孔盖完整，并关闭严密。

4）各手动风门开关灵活，方向明确并挂牌。

4）电动风门调试好。

5）系统各处压力、温度、流量，运行时可以获得准确监视，并便于操作监视。

6）系统所属联锁、报警正确可靠。

（7）燃油系统：

1）燃油系统安装结束，水压试验合格。保温完好，油泵分部试运。合格燃油管道吹洗合格。

2）燃油联锁和报警正确。经油循环试验，油温、油压符合要求。

3）点火燃烧器装好，系统严密、不漏油。编号挂牌。伸缩自如，无卡涩。启停程序、联锁、报警正确。点火和火检工作正常。

4）油枪雾化可以满足运行要求。

4）系统各阀门调试好，开关方向正确，并挂牌。

（8）循环灰系统：

1）循环灰系统安装结束。

2）风门装齐调好，开关方向正确，并挂牌。风门调节灵敏。

3）流量监视校好可用。

4）耐火内衬里浇注模板全部拆除已在 24h 以上。

5）各膨胀节内的杂质已清除干净。

6）放灰系统试运结束，各放灰门调节灵敏，系统不泄漏。

（9）化水系统：化水系统可提供足量的、合格的化学水，且提供炉水化验报告。

（10）排渣系统：

1）冷渣器试运结束，运转正常。

2）事故放渣门安装完毕，开关自如。

（11）输煤系统：

1）煤系统分部调试合格。

2）碎煤机运转正常，能提供符合锅炉要求的燃料。

6.2.1.4 耐火衬层的养护

为了使耐火防磨材料及耐火衬层达到致密、不裂纹、不脱落，并形成陶瓷性黏结，锅炉分四个阶段升温、四个阶段恒温养护。

（1）第一阶段：蒸汽烘炉。采用蒸汽进行烘炉，关闭所有人孔门、放风门，开启再循环门、集中下降管排污门、高温和低温过热器疏水门、省煤器疏放水门，开启水冷壁各排污门及定期排污集总门，缓慢开启 1 号锅炉临时蒸汽取汽门，控制升温速度，不得超过 10℃/h，温度升到 50℃ 时，恒温 24h 后，再缓慢升温到 80℃，恒温 12h 后，再升温到 100℃，恒温 24h 后，再以 25℃/h 的升温速度升温至 120℃，蒸汽压力控制在 0.3 ~ 0.4MPa 之间。对蒸汽走不到的回料管、布风、烟气发生器内等部位采用电炉或木材烘烤。

（2）第二阶段：木材烘炉。采用木材进行烘炉先在流化床的上部填上厚度为 400mm 左右的 0 ~ 8mm 的流化床炉渣，在旋风分离器底部设备钢箅子，然后打开引风机挡板在流化床（和钢箅子）上加长度不超过 400mm 的木材，用油把木材点燃，通过调整炉门开度和引风机挡板控制升温速度。通过监测炉膛出口温度决定升温速度，升温速度不超过 20℃/h。升温一天，炉膛出口温度不超过 120℃，保持一天。

（3）第三阶段：油烘炉。采用床下油点火装置进行烘炉。用给水泵将 30 ~ 50℃ 的除氧水上满锅炉，给水温度与壁温差不超过 50℃。上水时间不少于 4h。所有空气门大量冒水后，关闭空气门。以不大于 0.3MPa/min（汽包）升至工作压力。水压试验检查合格后，放水到汽包正常水位 -100mm。检查相关系统的电动门、调节门及风门挡板。检查有关联锁、报警。启动引风机、一次风机，点燃油枪，调整引风机挡板，升温速度不超过 20℃/h，一天升温不超过 120℃，升温一天。保持一天。

（4）第四阶段：点火烘炉。此阶段用煤进行烘炉同时进行煮炉工作。启动引风机、二次风机和一次风机，检查相应表计。控制炉膛压力在 -50Pa，以大于 50% MCR 风量吹扫炉膛了 3 ~ 5min。然后按照锅炉点火程序进行操作。

6.2.1.5 烘炉养护注意事项

（1）用铁皮封堵空气预热器进口，减少热量损失。

（2）加热蒸汽临时管路保温后方可使用，以免烫伤试运人员。

（3）在炉墙外部适当部位设置湿气排出孔。

（4）初期严格控制蒸汽流量，依据各测温点的温差显示，调节各部分疏放水阀门，使汽水系统各部分温度尽量平衡。

（5）各阶段严格按要求均匀升温，并保证恒温时间。

（6）若升温过快，或时快时慢，应调整燃烧，放慢升温速度，适当延长保温时间，并保持温度均匀。

（7）升温初期，燃烧器投入较少时，应切换燃烧器运行，以保持受热均匀，各测点温度基本一致。

（8）若运行中出现熄火，要在大于 50% MCR 风量下吹扫 3～5min 后，方能再次点火。

（9）控制汽包水位在正常范围内变化。

（10）控制排汽量，使主汽压力以 0.1～0.15MPa/min 变化。

（11）本措施仅供试运使用，未提及的操作请按锅炉厂有关技术文件和电厂有关规程执行。

（12）注意记录每个阶段的各项记录，每 4h 记录一次。测温点布置在炉膛出口、转向室、尾部烟道升温曲线以转向室测温点测示温度为基础，膨胀量测点在各膨胀指示器处。汽水系统的高温过热器、低温过热器、汽包、省煤器各处布置测温点，以供温度平衡操作参考。

6.2.1.6　烘炉结果检验及合格标准

（1）烘炉开始前在高温和低温过热器和转向室人孔内设置一个耐火砖台，放入若干个 100mm×100mm×100mm 的试块或从回料系统砖缝、过热器处砖缝中分别提取的灰浆样团 50g（测初始含水率）。

（2）当含水率小于 7% 即可煮炉，煮炉结束含水率应小于 2.5%。

6.2.1.7　启动前必备的条件

启动前，按照电力行业标准《锅炉启动调试导则》规定，锅炉及其辅助系统应完成分部试运、联动试车等必要程序，具备进行锅炉机组启动调试的必要条件，必要的热工仪表应投入运行，据此，烘炉期间，（至少）应投运的热工仪表如下：

（1）密相区床温、尾部烟道沿程各部位（包括过热器区域烟气压力、温度测点）。

（2）各风机进出口压力、风量值投入运行。

（3）其他必须投入的热工仪表。

6.2.2　煮炉（实例）

6.2.2.1　煮炉简介

根据《电力建设施工及验收技术规范》的要求，新安装的锅炉必须进行化学清洗，为此制定化学清洗方案。

本锅炉化学清洗为碱煮炉。通过碱煮炉，用化学药品去除油垢和泥沙等杂质。

6.2.2.2　煮炉的范围

煮炉的范围为炉本体汽水系统，根据实际情况及《电力建设及施工验收技术规范》的要求，包括省煤器、汽包、下降管、水冷壁、定排联箱事故放水及再循环管，过热器中的杂质采用蒸汽冲洗方法消除，具体流程如图 6-2 所示。

6.2.2.3　主要准备工作

（1）成立煮炉领导小组，分工明确，统一指挥，专人负责。

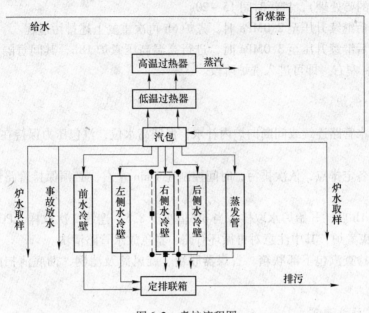

图 6-2 煮炉流程图

（2）药品准备：在煮炉前应将所需的药品准备齐全。在数量上有一定的余量，根据此类煮炉（二类锅炉煮炉）及炉内壁程度和锅炉水容积约 $52m^3$（过热器除外），药量计算如下：

$$NaOH \ 5kg/m^3 \times 52m^3 = 260kg（液体）$$

$$Na_3PO_4 \cdot 12H_2O \ 5kg/m^3 \times 52m^3 = 260kg（液体）$$

初始炉水药品的总浓度为 0.8%，总碱度为 126mg/L，PO_4^{3-} 为 100mg/L。

（3）炉汽包自用蒸汽阀门外，装一临时加药箱，其容积约在 $0.64(0.8 \times 0.8 \times 1)m^3$，内加过滤装置。

（4）将清水管路引至炉顶，作溶解药液及事故清洗用。

（5）将汽包水位降至低水位。

6.2.2.4 加药

（1）锅炉停炉后，在汽包内没有压力时，打开汽包排空门，关闭自用蒸汽门。

（2）向临时加药箱内注水至1/2高度，再向箱内注入液体碱，稀释后打开自用蒸汽阀门放入汽包，再重复。

（3）对于 Na_3PO_4，要充分搅拌溶解后再向炉内注入。

（4）药品全部加入后，要关闭空气阀及自用蒸汽阀。

6.2.2.5 煮炉步骤

（1）升压速度缓慢平稳，升压过程速度保持在 0.1MPa/h。

（2）火升温升压。当压力升至 0.3MPa 时，停止升压，对炉法兰进行一次热紧，结束后继续升压。

（3）压力升到 0.6～0.8MPa 时，进行低压煮炉 3h，进行一次定期排污。必须保证每点畅通（不通的要处理），排污时间 15～20s。

（4）排污后继续升压至 2.0MPa 时，煮炉 6h 再次重复上述排污过程。

（5）排污后继续升压至 3.0MPa 时，进行高温高压煮炉 18h，其间每隔 6h 排污一次，时间控制在 30s 左右。即可进入洗炉阶段。

6.2.2.6　洗炉

（1）由给水管路连续或间断向炉内补水，保证高水位，汽包压力保持在 2.0～3.0MPa 之间。

（2）下部各定排点，依次排污，时间控制在 1min 左右，必须保持管路畅通（包括连排）。

（3）洗炉 1h 后，开始炉水取样，当 pH 值小于 8.5，连续 2 次取样，PO_4^{3-} 浓度接近，即为合格，结束煮炉，其中注意对再循环管路、紧急放水管路清洗。

（4）停炉检查汽包下部联箱、省煤器联箱、旋风筒及滤网，彻底清扫内部附着物和残渣。

6.2.2.7　注意事项

（1）加药时，必须在炉内没有压力时进行，防止药液伤人。

（2）向临时加药箱及炉内加药时，必须戴胶皮防护手套。

（3）加药时，必须保证清洗清水充足。

（4）煮炉期间，严格控制水位，不得出现满水现象，防止药液进入过热器。

（5）煮炉期间，要随时监视热膨胀，有受阻部位及时处理。

（6）煮炉前要具备供煤条件。

烘煮炉结束后，对炉墙进行检查，对产生的缺陷，进行返修。

课题 6.3　漏 风 试 验

6.3.1　目的

漏风试验的目的是检查燃烧系统、冷热风系统、烟气系统的严密性，并找出漏风处予以消除。

6.3.2　范围

漏风试验适用于新安装或改装的锅炉。

6.3.3　工作程序

（1）锅炉漏风的影响有：

1）使锅炉过剩空气增多，炉膛温度降低，增加热损失，降低锅炉热效率。

2）导致燃烧不正常，炉内结焦或堵灰严重时，将减少锅炉的蒸发量。

3）锅炉排烟增多，使风机电耗增大。

4）炉膛正压燃烧时，会向外冒烟、跑灰，破坏环境卫生与工作条件。

5）在锅炉点火前，必须进行漏风试验，防止锅炉各种漏风，可使锅炉效率提高2%~3%。

（2）漏风试验的条件是：

1）引、送风机经单机运转合格，烟、风道安装全部结束。

2）炉膛等处的人孔、门类装配齐全，并可以封闭。

3）喷嘴一、二次风门操作灵活，开关指示正确。

4）空气预热器、冷热风道、烟道经内部检查合格。

5）炉墙、排灰渣装置安装结束。

（3）漏风试验的方法有冷态试验和热态试验两种。

冷态试验是在锅炉未点火之前进行的试验，具体方法有正压法和负压法两种。

1）正压法：先将炉门、灰门、看火门、人孔门、烟道门等全部关闭，启动送风机，使锅炉各处保持50~100Pa的正压，然后用可燃物的烟气或带颜色的粉状物质从送风机入口吸入，如发现烟气或粉末逸出，即可判定该处漏风，做好记录并在漏风处作出标记。

2）负压法：将炉门、灰门、看火门、人孔门等全部关闭，打开烟道门，启动引风机，微动引风机挡板，使锅炉各处维持在 –100 ~ –150Pa 的负压，然后用点燃的蜡烛靠近各处进行检查，凡烛火被吸偏之处，就说明该处漏风，同样做好记录并在漏风处作出标记。

易漏风的部位多在炉墙膨胀缝、管子穿墙处、人孔、看火孔、出灰渣口、烟风道连接法兰处或焊缝处，这些部位为检查的重点。

热态试验是指锅炉点火燃烧后进行试验，具体做法与冷态试验相似。

课题6.4　蒸汽严密性试验

6.4.1　试验目的

蒸汽严密性试验的目的是全面检查锅炉热态下蒸汽系统的严密性，确保锅炉安全、可靠地进行整组试运行。

6.4.2　编制依据

（1）《火力发电厂基本建设工程启动及竣工验收规程（1996年版）》。

（2）《电力建设施工及验收技术规范》（锅炉机组篇）。

（3）《火电工程调整试运质量检验及评定标准》。

（4）《电力工业锅炉检察规程》。

6.4.3　试验内容

（1）检查锅炉附件及全部汽、水阀门的严密程度。

（2）检查支座、吊架、吊杆、弹簧的受力情况。

（3）检查锅炉焊口、人孔门、法兰及垫片等处的严密性。

（4）检查汽包、联箱、各受热面部件、锅炉范围内的汽水管道严密程度和膨胀。

6.4.4　蒸汽严密性的检查方法

蒸汽严密性试验应在锅炉蒸汽吹管工作结束后进行。

按照规程升压至过热器额定工作压力。在升压过程中，如发现问题，应停止升压，查明原因，消除缺陷后再进行升压。

当蒸汽压力升至过热器额定压力时，应控制燃料量及风量保持压力稳定，切勿超压，开始对锅炉进行全面检查。

认真细致地检查以上各项，检查人员要做到耳听目看，详细观察判断，倾听炉内有无泄漏响声。

6.4.5　注意事项

（1）升压过程中，汽包上下壁温差不应超过50℃，升压、升温速度按运行规程执行。

（2）升压过程中，应特别注意燃料量及床温的控制，保证锅炉各参数的正常。

（3）升压过程中，应将向空排汽门适当开启，以使各部受热面升温均匀。

（4）在过热器不超额定工作压力的情况下，尽量将汽包压力升到额定工作压力，检查受热面各部膨胀情况，并设专人记录。

（5）检查人员必须站在检查门侧面，开门时，必须带防护手套。

（6）在巡回检查中，发现泄漏和不严密的地方，应做好记录，以便停炉时处理。

（7）如发现有危害锅炉正常运行的缺陷，应按紧急停炉处理。

6.4.6　检验标准

检验标准见表6-6。

表 6-6　检验标准

检验项目		性质	质 量 标 准		检验方法
			合　格	优　良	
试验参数	高压蒸汽压力	主要	达到过热器工作压力		观察在线仪表
	蒸汽温度/℃	一般	≤455		
承压系统	承压部件	主要	无泄漏		现场观察
	焊口	主要	无泄漏		
	人孔、手孔、接头	主要	无泄漏		
	附件及汽水阀门	一般	基本不泄漏	严密不泄漏	
膨胀	受热面	主要	膨胀自由、不卡涩，符合设计要求		现场观察
	各部管道	一般	膨胀自由、不卡涩		现场观察
	支吊架	一般	无异常		现场观察
	弹簧	一般	受力均匀，方向、位移、伸缩正常		现场观察

6.4.7 汽水流程

严密性试验时，注意检查以下锅炉部件：

给水管道──→冷凝器──→省煤器──→水冷壁──→汽冷分离器──→包墙管──→吊挂管
──→喷水减温器──→过热器──→汇汽集箱──→锅炉电动主汽门

定期排污、疏水系统注意仔细检查。

课题 6.5 安全阀热态校验（实例）

6.5.1 安全阀调整前的准备工作

安全阀一般在吹扫合格之后进行调整，以减少安全阀密封面被杂质损坏的可能性，调整前的准备工作如下：

（1）校正安全阀一般都以炉顶的就地压力表为准，因此在校正安全阀前，应仔细校对就地压力表与锅炉控制室仪表盘上的指示有无误差。就地压力表均已校验证书有效。

（2）事先准备好需用的工具，备有足够的水源、良好的照明和有效的通信联络方式。

（3）对安全阀的有关支架、排汽管支架等要仔细检查合格。

（4）所有调整人员应了解校正安全阀的措施和步骤，进行组织分工，并做好噪声防护工作。

6.5.2 安全阀调整

（1）安全阀校正的调整值启闭压差一般应为整定压力的 4%~7%，最大不超过 10%。

（2）调整各安全阀的压力以各就地压力读数表为准，压力表应经校验合格。

（3）安全阀始启压力：

1）过热器安全阀。动作压力 1.05 倍工作压力，即 $1.05 \times 5.29 = 5.55 MPa$。

2）锅筒工作安全阀。动作压力 1.06 倍工作压力，即 $1.06 \times 5.82 = 6.17 MPa$。

3）控制安全阀。动作压力 1.04 倍工作压力，即 $1.04 \times 5.82 = 6.05 MPa$。

（4）先调整锅筒工作安全阀，再调整过热器安全阀。安全阀调整注意事项有：

1）当锅炉升压至额定压力时，即可减弱或停止燃烧，并密切注意汽温及水位变化，必要时可打开疏水阀门排汽，以保证汽温不超过额定值，水位应保持在锅筒 1/3~1/2 处。

2）每组安全阀启座一次后，应隔 20~30min 后，再重新校正，以防止弹簧受热特性曲线发生变化。

3）锅炉汽压的升降，根据安全阀的需要来整。因此，运行人员与调试人员应密切配合，加强联系。

6.5.3 安全阀调整要求

安全阀调整后应符合下列要求：

（1）安全阀应无漏汽和冲击现象。

（2）安全阀调整后应作出标记，打上铅封。

（3）安全阀调整完毕后整理记录，办理签证。

课题 6.6　蒸 汽 吹 扫

6.6.1　目的

在锅炉供汽之前，对于新装的锅炉或蒸汽管路，应进行吹扫，也称为吹管、冲管。即使用高压蒸汽，将管道安装焊接时形成的焊渣，以及在制造、运输、保管、安装过程中留在过热器系统及蒸汽管道中的各种杂物（砂粒、旋屑、氧化铁皮等）吹扫排除，防止机组运行时损伤过热器或汽轮机通流部分，避免堵塞阀门及热力设备，提高机组运行的安全性、经济性，并改善运行期间的蒸汽品质。

6.6.2　方案范围

吹扫方法分为稳压法和降压法两种，对于汽包锅炉的吹扫方式可以采用蓄能降压吹扫法。

稳压吹扫是指锅炉升压至吹洗压力时，逐渐开启吹扫控制门，并调整燃料量与蒸汽产量平衡，控制门全开后保持吹扫压力，吹洗一定时间后，逐步减少燃料量，关小控制门直至全关，该次吹扫完成。

蓄能降压吹扫是指锅炉升压至吹洗压力时，迅速开启吹扫控制门，利用汽包或分离器压力下降产生的附加蒸汽吹扫，汽包或分离器压力下降至一定值时，迅速关闭吹扫控制门，该次吹扫完成。

降压吹洗时由于汽温、汽压变动剧烈且交替次数频繁，有利于提高吹洗效果，但在吹洗过程中汽包压力下降值应严格控制在相应饱和温度下降不大于 42℃ 范围以内，以防止汽包或分离器寿命损耗。另主蒸汽门开启时间小于 1min。

蒸汽吹洗时汽流对异物的冲刷力，应大于额定工况时汽流的冲刷力，把这两种冲刷力之比简称为吹扫系数。可用吹洗时汽流的动量与额定工况时汽流动量之比来代表，也可用被吹洗系统小区段内吹洗时的压降与额定工况时的压降比来代表。

吹洗时的控制参数可通过预先计算，或吹洗时实际测量决定，当吹洗时控制门全开，对于中压锅炉过热器出口压力值应为 1MPa，在满足上述数值时，一般即可满足各处吹扫系数大于 1 的要求，这时相应的锅炉蒸发量为 60%~70% 的额定蒸发量。

吹扫范围：锅炉过热器、锅炉主汽阀至蒸汽母管或分汽缸的主汽管路。

汽包→过热器→过热器出口集箱→主蒸汽管道→临时管道→临时电动门→靶板→排气管→消声器→排大气。

6.6.3　应具备的条件

（1）方案（含应急预案）确定，技术交底工作已完成。

（2）现场及土建条件已具备。

（3）人员组织已落实、工器具和材料准备完成。

（4）前期试验、烘炉煮炉工作已完成并验收合格（烘炉煮炉需具备条件见课题6.2）。

（5）锅炉启动升压涉及的分（及附属）系统试运工作结束，验收合格。

（6）主蒸汽系统与外界隔绝工作已完成。

（7）升火向空排汽门、紧急放水门可正常投入使用。

（8）水位计投入使用，吹扫期间，水位保护解除。

（9）给水、炉水加药及取样系统正常并可随时投用。

（10）所有监控仪表调试结束，可以投入使用。

（11）准备充足的除盐水、燃油和燃煤。

（12）吹扫临时管路安装结束，并经验收合格。

（13）对不参加吹扫的阀门流量装置及系统要做好必要的保护或临时拆除。

（14）临时管路的截面积应大于或等于被吹扫的截面积，否则节流过大或使蒸汽流速降低，不能达到冲洗的效果。

（15）临时管路的支撑强度和膨胀距离足够。

（16）除控制阀门外吹洗管路上的阀门应在全开位置。

（17）吹扫检验靶板按规定制作完。

（18）吹扫详细要求参照《电力建设施工及验收技术规范（锅炉机组篇）》（DL/T 5047—95）。

6.6.4 吹扫合格标准

根据《电力建设施工及验收技术规范（锅炉机组篇）》（DL/T 5047—95）的规定，在保证吹扫系数大于1的前提下，连续两次更换靶板检查，靶板上的冲击斑痕粒度不大于0.8mm，且斑痕不多于8点即认定吹扫合格。

6.6.5 吹扫程序

吹扫程序为：吹扫技术方案确认和技术交底→吹扫应具备条件的确认→联锁保护及报警静态试验→点火前检查→锅炉冷态水冲洗→锅炉点火、试吹扫→正式吹扫、中间冷却→再次点火吹扫至合格→文件资料的整理归档。

6.6.6 安全注意事项

（1）吹扫现场周围严禁堆放易燃易爆物品，吹扫现场应备足消防器材，制定可靠的防火措施，并有专人检查，发现问题，及时处理。

（2）严格控制汽包压力，防止系统超压。

（3）精心操作，摸索出补水规律，维持汽包水位和锅炉水动力工况正常，以保证锅炉的安全。吹洗过程中应确保水冷壁、过热器不超过设计温度。

（4）锅炉首次启动应特别注意监视各部膨胀情况，安装及运行指定专人记录膨胀。发现有妨碍膨胀或膨胀异常情况时，应停止升压。分析原因并采取措施消除后方可继续升压。

（5）锅炉点火升压过程中，应进行充分的暖管及疏水，防止发生水冲击。

（6）更换靶板人员应听从调试人员统一指挥，无命令不得接近靶板器。更换靶板时需穿防护服、戴隔热手套。

（7）每次吹扫开临时控制门前应确认更换靶板人员已离开，无关人员离开吹扫管线。

（8）排汽口方向应有专人守卫，禁止无关人员逗留在吹扫现场。

（9）临时控制门应有专人维护，停用时切断电源。

（10）严格执行操作票、工作票制度及巡回检查制度，注意运转设备的检查维护，进行管道支吊架和隔离系统的检查。

（11）吹扫过程中出现危机人身及设备安全情况时，应立即停止吹管，必要时停止设备运行，分析原因，并按应急预案进行处理。

（12）吹扫时排空接口处应安装规格合适的消音器。

（13）吹扫前按规定办理告知手续。

6.6.7　吹扫实例

某厂进行蒸汽吹扫，锅炉为次高压次高温循环流化床锅炉，吹扫范围为锅炉过热器管、主蒸汽管（集汽集箱至蒸汽母管前锅炉并汽阀），采用蓄热（能）式进行吹扫，将集汽集箱压力升至 3.0MPa 左右时开启主汽门，当压力降低至 1.2MPa 时关闭主汽门升压。正式吹扫前于某月 26 日进行了多次吹扫后，停炉冷却；30 日再次点火进行吹扫，为保证吹扫系数在吹扫时先开启升火排汽门进行升压，待压力符合要求时开启主汽门，同时关闭升火排汽门；吹扫所用临时管道与主蒸汽管道等径，主蒸汽门开启时间小于 1min；吹扫所用靶板为铝板（3mm）并打磨光滑；经过多次吹扫，并在临时排汽管道出口装设靶板，检查靶板上冲击斑痕粒度不大于 0.8mm，且斑痕点不多于 8 点，符合《电力建设施工及验收技术规范（锅炉机组篇）》的规定，经建设单位等认定合格。合格靶板同时移交建设单位保管。锅炉第二次吹扫记录见表 6-7。

表 6-7　锅炉第二次吹扫记录

序　号	开阀时间	关阀时间	开启压力 /MPa	关闭压力 MPa	吹扫温度 /℃	是否装靶板	靶板检查情况
1	9:13	9:16	1.58	1.34	356	—	—
2～15	略	略	略	略	略	—	—
16	13:57	14:03	3	1.3	385	有	不合格
17～22	略	略	略	略	略	—	—
23	15:16	15:22	3.8	1.35	428	有	不合格
24～28	略	略	略	略	略	—	—
29	16:20	16:25	2.9	1.25	386	有	不合格
30	16:31	16:37	3	1.3	390	—	—
31	16:40	16:45	3.1	1.35	399	—	—
32	16:48	16:53	3	1.3	392	—	—
33	16:57	17:02	2.95	1.28	395	—	—
34	17:07	17:12	3	1.3	395	—	—
35	17:17	17:22	3	1.32	390	有	不合格

序　号	开阀时间	关阀时间	开启压力/MPa	关闭压力MPa	吹扫温度/℃	是否装靶板	靶板检查情况
36	17:27	17:33	3	1.35	393	—	—
37	17:37	17:42	2.95	1.3	395	—	—
38	17:48	17:53	3	1.32	398	有	合格
39	17:57	18:01	2.9	1.32	390	—	—
40	18:03	18:08	2.95	1.35	392	有	合格
41	18:13	18:18	2.95	1.35	390	有	不合格
42	18:22	18:26	3.3	1.3	400	—	—
43	18:33	18:37	2.95	1.32	398	有	合格
44	18:41	18:46	2.95	1.3	392	有	合格
45	18:51	18:58	3.05	1.3	405	—	—

课题6.7　锅炉试运行

在确认烘炉、煮炉、蒸汽严密性试验、吹扫和安全阀调整合格后，可进行72h负荷运行工作锅炉，试运行点火前，应进行一次锅筒工作压力下的严密性水压试验，重点检查未参加超压试验的管道和部件，以及法兰、人孔等部位，并利用锅炉内压力水冲洗取样、排污和仪表管路，以保证其畅通。

6.7.1　进行72h负荷运行工作应具备的条件

（1）前阶段发现的缺陷项目已处理完毕。

（2）锅炉的辅助机械和附属系统以及燃料、给水、用电系统等试运合格，能满足锅炉负荷要求。

（3）各项检查与试验工作均已完毕，各项保护已投入。

（4）锅炉机组整套试运行所需用的热工、电气仪表与控制装置已按图纸安装并调整完毕，指示正确，动作良好。

（5）化学监督工作正常，满足试运行需要。

6.7.2　检查和记录膨胀指示值

在以下情况或压力下检查和记录膨胀指示值：

（1）上水前。

（2）上水后。

（3）0.3~0.5MPa。

（4）1~1.5MPa。

（5）锅炉额定压力的50%。

（6）锅炉额定压力。

6.7.3　锅炉的点火和升压

（1）点火前的检查工作严格按操作卡进行，逐项检查，并用符号"√"标志，以示检查合格。

（2）生火前的检查与准备，试验工作结束后应汇报班长。

（3）锅炉升压速度：0～0.3MPa 维持 100min；0.3～2.5MPa 维持 60min；2.5～5.29MPa 维持 60min。

（4）在升压过程中要对汽包壁温进行监视和测量，并按时填写记录，汽包上下壁温差不大于 50℃。

（5）在升压过程中，高温过热器冷端出口温度不得超过 485℃。

（6）点火前后及升压阶段按锅炉热膨胀记录表格所列压力区段双方派专人记录各部膨胀指示器的指示，监测锅炉热膨胀变化情况。

（7）在锅炉升压过程中，应严格按《锅炉运行规程》规定进行排污、疏水、冲洗水位计、冲洗热工仪表管道、校对仪表指示值等工作。

（8）在运行中应经常注意检查锅炉的承压部件和烟、风、煤管道的严密性，检查管道支架的受力情况，注意炉膛水冷壁和各部分的振动和膨胀情况。

（9）进行汽、水监督，保证蒸汽品质合格。

（10）保证正常水位，防止缺水、漏水事故。

（11）锅炉供汽达到满负荷后，连续运行 72h，在 72h 期间，所有辅机设备应同时或陆续投入运行。锅炉本体辅助机械和附属系统均应工作正常，其膨胀、严密性、轴承温度及振动均应符合技术要求，锅炉蒸汽参数、燃烧情况等均应基本达到设计要求。

（12）锅炉机组 72h 运行结束后，应根据《火力发电厂基本建设工程启动及竣工验收规程》的规定办理整套运行签证和设备验收移交工作。

（13）在升压过程中，如发现膨胀有异常情况时，必须查明原因，清除异常情况后，才能继续升压。

（14）锅炉升压应平稳缓慢，升温升压速度应符合制造技术文件规定，一般情况下，控制饱和温度升压速度符合制造技术文件规定，控制饱和温度升高不大于 50℃/h 的范围内。当压力达到 0.3～0.4MPa 时，对各承压部件新安装或拆卸过的连接螺栓进行热紧固工作。

6.7.4　试运行期间工作

试运行期间，应作好以下工作：

（1）检查各部位的运行情况，查看油位、轴承温升、运行电流、振动、冷却水等是否正常。

（2）经常检查锅炉承压部件和烟、风、煤管道等的严密性，锅炉吊杆及管道支吊架的受力情况和膨胀补偿器的工作情况，燃烧室水冷壁管和锅炉各部分的振动情况。

（3）认真按照试运行汽水监督的要求进行汽水品质分析和调整，保证汽水品质合格并作好水质等的记录。

（4）认真保持水位，防止缺水、满水事故，经常监视燃烧并适时调整，使燃烧良好，防止灭火、爆燃和尾部烟道二次燃烧事故。

（5）在试运行过程中，应按设计要求投入除二氧化碳器、加热除氧、连续排污等，使汽水管道逐步投入正常运行。

（6）严格值班纪律和交接班制度，认真作好试运行记录。试运行验收合格后，在试炉领导小组的主持下，将锅炉移交给使用单位进行试生产。整理好施工及试车过程中的各种资料，移交业主。

附录 蔗渣炉操作规程

一、司炉岗位操作规程

司炉岗位操作流程如附图所示。

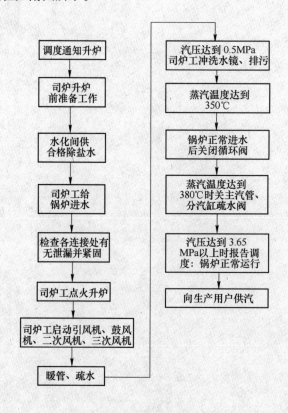

附图 作业流程

二、锅炉操作规程

（一）50t 锅炉概要

（1）额定蒸发量：50t/h。

（2）蒸汽压力：3.30 ~ 3.8MPa。

（3）蒸汽温度：420 ~ 480℃。

（4）给水温度：105℃。

（5）排烟温度：150 ~ 200℃。

（二）启动前的检查

（1）检查炉膛内部，并明确炉墙、防爆门、看火门等情况是否正常，燃烧室内有无焦渣和杂物，炉管及水冷壁外形是否正常，集箱应正确放在支架上，测量和控制仪表的附件位置正常。

（2）用灯光检查炉膛、过热器、省煤器、空气预热器烟道等。检查时应明确下列各点后严密关闭人孔门：内部已无人工作，受热表面清洁，位置情况正常，无杂物，给料畅通，燃烧室及烟道没有裂缝和漏风现象。

（三）燃烧设备检查

（1）检查喂料器，内部应清洁、畅通，调节板完好、灵活，上下到位，转动自如。

（2）检查炉排装置，炉排面应平整、清洁、风口无堵塞，炉排片膨胀间隔均匀，与周围炉墙无短路，风室固定可靠、牢固；炉排冷却水到位。

（3）检查二次风及播料风喷嘴位置、角度正确，喷嘴口光滑、畅通。

（4）检查吹渣装置无堵塞、变形。

（四）风机及烟道检查

（1）检查引风机、送风机、二次风机、三次风机与电动机连接的联轴器及地脚螺栓情况，不得松动、风机及烟道的检查孔应严密关闭。

（2）润滑油必须清洁，轴承油位指示正常，二次风机、三次风机、鼓风机、引风机轴承冷却水畅通，油位在监视孔的 1/2 以上。

（3）风机进口风导向调节门和分段风室挡板调节门应灵活，并能开足和关严，检查后应放在关闭位置（二次风机、引风机导向调节门可用就地手操作），手柄应在远方控制位置。

（4）检查后的锅炉对除尘器人孔门用灯光检查，检查时不少于两人，管内应无积灰、堵管等现象。

（5）检查汽包和过热器集箱上的安全阀，位置应正确稳定，确保动作灵活，所有妨碍其动作的杂物、灰尘和锈垢必须除去，安全阀外及排汽管法兰接合处的固定螺丝应拧紧，并且完整良好，绝对禁止在安全阀杠杆或重锤上增加任何重量。

（五）汽水系统阀门及其他附件检查

（1）所有系统阀门及其他应全开和关闭，阀杆应清洁，法兰结合面上的螺丝均应拧紧，并且有一定的再拧紧余量。

（2）过热蒸汽、饱和蒸汽、连续排污、定期排污及给水取样冷却器等设备附件应完整。

（3）检查校正汽包和集箱等处的膨胀指示器在零位。

（4）汽包、集箱、管道、法兰、阀门和热风道的保温良好。

（5）通知化学水处理室检查热水箱和软水箱的水质。

（六）检查热工仪表

（1）检查仪表、开关、信号应完整、准确，并且有正常运行操作照明和事故照明设备。

（2）检查 DCS 控制系统是否已处于工作状态。

（3）用伺服马达远方控制调节的设备，除就地手动操作、开和关方向是否正确。其开度大小与表盘是否相符，当过到全开和关闭位置时，限位开关是否及时动作。

（4）检查压力表阀门（包括一次阀、二次阀）应全部开启。

（七）启动前的准备

（1）锅炉启动前的检查工作完毕后，可进行锅炉的进水工作，送进锅炉的水必须经过除氧，温度一般不应超过105℃。

（2）锅炉给水时应经过省煤器，进水速度不宜太快，进水到锅筒低水位，约需2h。当周围环境温度很低时，进水的时间应予延长，以免因锅炉不均衡的膨胀而损坏管子接口，在这种情况下，进水温度降到40～50℃。

（3）当省煤器到锅筒的给水管路上空气阀（全开时）内有水出现时，应关闭此空气阀，同时省煤器压力表的二通考克转到工作位置。

（4）检查锅炉和省煤器的手孔盖、法兰接合面及放水门等是否有漏水现象，当发现有漏时，应拧紧螺栓。如再漏时，应停止进水，并放水至适当水位，待消除漏水现象后再进水。

（5）当锅筒内水位上升至石英玻璃管水位计的最低指示处时应停止进水，停止进水后，汽包内水位维持不变。如水位逐渐降低或升高，应查明原因，并予消除，然后再向锅炉进水或放水至石英玻璃管水位计最低水位。

（6）锅炉在启动前，当进水间断时，必须将连接汽包与省煤器进口间再循环管上的阀门开启，以便在启动时通过省煤器形成水循环。

（7）在启动前必须对锅炉烟道进行通风，时间不少于5min，以免气体在烟道内积聚发生爆炸。

（八）蔗渣输送系统的检查

（1）检查各条胶带上是否有杂物。

（2）检查各条胶带上的滚筒转动是否灵活。

（3）检查各条胶带电机绝缘情况及变速箱的润滑油位是否正常。

（4）检查3号、4号、6号、12号蔗渣带上的蔗渣刮料开关是否灵活（手动或电动部分）。

（5）检查耙齿机转动马达及变速箱润滑油位是否正常。

（6）检查各条胶带的联系信号是否良好。

（7）检查二次风、三次风（热风）管的调节阀是否灵活及喷渣口调节板的灵活性。

（九）锅炉点火（无油枪蔗渣锅炉）

（1）点火前，应吹一次管，并对燃烧室及烟道进行通风。

（2）在炉排中央堆放适当数量的柴火并浇上柴油，用棉纱引火点燃。

（3）当柴火完全着火且炉膛入口温度达到100℃以上后，启动引风机、鼓风机和二次风机，保持燃烧室内呈微负压（2～10Pa）。

（4）根据炉膛入口温度的上升及燃烧室内压力的变化，逐渐打开引风机和鼓风机风闸。当炉膛温度达到蔗渣着火点温度后开始投料，投料时由两侧至中间依次开始。同时，根据给料量调整调节板角度和播料门开度，使落料均匀地铺在炉排面上。

（5）相应调整炉排下各风室的风压，结合二次风的调节，在燃烧室内形成良好的空气动力场，使燃料呈半悬浮状燃烧。

（十）锅炉升压

（1）锅炉自点火至并列的时间，一般为2～3h。

（2）在升压过程中，应注意调整燃烧，保持炉内温度均匀上升，严禁关小过热器出口联箱疏水阀或对空排气阀赶火升压，以免过热器管壁温急剧升高。

（3）在升压过程中，应开启过热器出口联箱疏水阀，向空排气阀或投入点火管路，使过热器得到足够的冷却。

（4）在点火升压期间，省煤器与汽包间再循环阀门必须开启，待锅炉进水正常后，应将再循环阀门关闭，必要时，可以在锅炉下部联箱放水，以冷却省煤器，保持省煤器出口水温至少同压力下的饱和汽温度低20℃，省煤器旁路给水阀门必须关闭。

（5）升压过程中应注意锅炉各部分的膨胀情况，如发现异常，要查明原因，消除后方能再升压，一般过热器两侧的温差不超过30～40℃，若受热面受热不均匀，应增加排污，以使各部位温度均衡上升。

（6）汽压升至0.2和2.0MPa时，各冲洗水位计一次，其操作步骤如下：

1）开启放水阀，冲洗汽连管、水连管及玻璃管。

2）关闭水阀，冲洗汽连管及玻璃管。

3）开启水阀，关闭汽阀，冲洗水连管及玻璃管。

4）开启汽阀，关闭放水阀，恢复水位计的运行。

5）关闭放水阀时，水位计中的水应很快上升，并有轻微的波动，如水位上升缓慢，则表示有阻塞现象，应再冲洗，冲洗后，应与另一台汽鼓水位计对照水位，如指示不正常时应重新冲洗。

（7）升压过程中，通过控制炉膛出口温度、减温器和过热器对空排气阀来控制蒸气温度的上升，炉膛出口温度高且开大对空排放阀时则蒸气温度上升快，反之则慢。

（8）炉排吹灰每班正常吹两次，从后排分区域往前排以至冲到前炉门，每个区域吹完后及时关闭阀门。

（9）每班对过热器、省煤器脉冲吹灰1～2次。

（十一）锅炉的运行

（1）锅炉在运行中，应均匀不断地将给水送入，并保持锅炉的水位在安全水位内，不允许水位低于规定的最低水位或最高水位。同时注意给水流量与蒸汽流量是否相符，给水流量的变化应平稳而无突变，水位允许变动范围不超过±75mm玻璃管水位计。

（2）每班必须冲洗一次玻璃管水位计，并保持在完整良好的状态下有轻微的波动。

（3）每班必须校对电接点水位计和石英管水位计的水位 3 次以上，如电接点水位计的指示值不正确时，应立即通知热工仪表部门处理，这时应参照高水位计控制水位，不允许按照低水位计控制水位。

（4）为保证供汽参数正常，锅炉的压力表、蒸汽温度表计的指示，每班至少校对一次，若发现指示不正常时，应及时由热工仪表部门负责处理。

（5）利用锅炉给水来调节过热器的蒸汽温度，使出口温度在 430 ~ 450℃ 范围内波动，并监视通入减温器的减温水流量与汽温关系。

（6）应注意调整燃烧，以维持正常汽压，允许的汽压波动范围为 ±0.049MPa。

（7）调整锅炉内的通风，供给适量的空气，使燃烧室上部负压在 20Pa ~ 30Pa （2 ~ 3mmH$_2$O）之间波动，同时控制炉膛出口过剩空气系数在合理的范围内。

（8）锅炉运行时，必须注意各转动部分的润滑油情况，轴承温度不能超过 70℃，轴承处水冷却设备的排水温度不应超过 50 ~ 60℃。

（9）为保持受热面内部的清洁及避免锅水发生泡沫及饱和蒸汽质量恶化，必须对锅炉进行排污，排污量的多少及其调整应由化验决定，锅炉的定期排污最好在低负荷时进行。在排污时应使锅炉上水到锅筒中心水位稍高水位，不得二路阀门同时排污，遇到事故立即停止排污（满水除外）。

（10）不允许锅炉长期处于半负荷以下运行，不允许锅炉长期处于超负荷运行。

（11）各转动设备的加油，一般每班加油一次，特殊情况例外，视具体情况而定。

（12）各班的运行人员应对所属的主要设备，每小时巡回检查一次，每两小时对所属设备应全面检查一次。

（13）燃烧调整应按以下原则进行：升负荷时先加风再加料，减负荷时先减料再减风。

（十二）停炉

各给料设备停止给料后，按下列程序停炉：

（1）确定料斗和喂料器内无剩余残料后，停喂料器和二次风机。

（2）待炉排面上燃料燃尽后，依次停三次风机、鼓风机。在停鼓风机和引风机时必须注意炉膛负压的变化，一般应先将鼓风机和引风机风闸完全关闭后，炉膛负压在允许范围内方可先后停下鼓风机和引风机。

（3）保持燃烧室通风 5min 后，停引风机，关闭有关的风门挡板。

（十三）安全注意事项

（1）工作中正确穿戴好劳动保护用品。

（2）检查汽包、箱体内、风烟管道，必须有两个人并且确认良好的通风。

（3）维持汽包水位在中水位，杜绝满水和缺水的事故发生。

（4）设备在旋转工作状态下不得随意触摸。

（5）启动高压电器设备必须有电工在场，并检查设备在具备启动的条件下启动。

（6）锅炉运行当中检查时注意火苗喷出而引起烧伤事故。

（十四）相关记录

（1）锅炉设备巡检记录表。

（2）锅炉喂料器巡检记录表。

（3）锅炉运行记录表。

（4）锅炉巡回记录表。

（5）班长巡回检查记录表。

（6）鼓风机巡检记录表。

（7）饱充风机巡回记录表。

（8）锅炉卫生记录表。

（9）锅炉喂料器巡检记录表。

（10）蔗渣系统设备记录表。

参 考 文 献

[1] 丘伟. 锅炉操作工（中级）[M]. 北京：机械工业出版社，2009.

[2] 徐生荣. 锅炉操作工（高级）[M]. 北京：机械工业出版社，2007.

[3] 李增枝. 锅炉运行 [M]. 北京：中国电力出版社，2007.

[4] 任永红. 循环流化床锅炉 [M]. 北京：中国电力出版社，2007.

[5] 丁明舫. 锅炉技术问答1100题 [M]. 北京：中国电力出版社，2002.

冶金工业出版社部分图书推荐

书　名	作　者	定价（元）
现代企业管理（第2版）（高职高专教材）	李　鹰	42.00
Pro/Engineer Wildfire 4.0（中文版）钣金设计与焊接设计教程（高职高专教材）	王新江	40.00
Pro/Engineer Wildfire 4.0（中文版）钣金设计与焊接设计教程实训指导（高职高专教材）	王新江	25.00
应用心理学基础（高职高专教材）	许丽遐	40.00
建筑力学（高职高专教材）	王　铁	38.00
建筑CAD（高职高专教材）	田春德	28.00
冶金生产计算机控制（高职高专教材）	郭爱民	30.00
冶金过程检测与控制（第3版）（高职高专国规教材）	郭爱民	48.00
天车工培训教程（高职高专教材）	时彦林	33.00
工程图样识读与绘制（高职高专教材）	梁国高	42.00
工程图样识读与绘制习题集（高职高专教材）	梁国高	35.00
电机拖动与继电器控制技术（高职高专教材）	程龙泉	45.00
金属矿地下开采（第2版）（高职高专教材）	陈国山	48.00
磁电选矿技术（培训教材）	陈　斌	30.00
自动检测及过程控制实验实训指导（高职高专教材）	张国勤	28.00
轧钢机械设备维护（高职高专教材）	袁建路	45.00
矿山地质（第2版）（高职高专教材）	包丽娜	39.00
地下采矿设计项目化教程（高职高专教材）	陈国山	45.00
矿井通风与防尘（第2版）（高职高专教材）	陈国山	36.00
单片机应用技术（高职高专教材）	程龙泉	45.00
焊接技能实训（高职高专教材）	任晓光	39.00
冶炼基础知识（高职高专教材）	王火清	40.00
高等数学简明教程（高职高专教材）	张永涛	36.00
管理学原理与实务（高职高专教材）	段学红	39.00
PLC编程与应用技术（高职高专教材）	程龙泉	48.00
变频器安装、调试与维护（高职高专教材）	满海波	36.00
连铸生产操作与控制（高职高专教材）	于万松	42.00
小棒材连轧生产实训（高职高专教材）	陈　涛	38.00
自动检测与仪表（本科教材）	刘玉长	38.00
电工与电子技术（第2版）（本科教材）	荣西林	49.00
计算机应用技术项目教程（本科教材）	时　魏	43.00
FORGE塑性成型有限元模拟教程（本科教材）	黄东男	32.00
自动检测和过程控制（第4版）（本科国规教材）	刘玉长	50.00